달달 풀고 공곰 생각하는

달곰한 계산력

초등 2-2

디지털 교육 컨텐츠를 전문적으로 제작하고 공유하여
교실과 학교, 교육의 변화를 꿈꾸는
현직 교사로 이루어진 전국 단위 전문적 학습 공동체입니다.

지 은 이	NE능률 수학교육연구소 참쌤스쿨 이현지
개발책임	차은실
개 발	한아름, 김다은, 김건희
디 자 인	오영숙, 한새미, 황유진
일러스트	이상화
영 업	한기영, 이경구, 박인규, 정철교, 김남준, 이우현
마 케 팅	박혜선, 남경진, 이지원, 김여진
펴 낸 이	주민홍
펴 낸 곳	서울시 마포구 월드컵북로 396(상암동) 누리꿈스퀘어 비즈니스타워 10층 ㈜NE능률 (우편번호 03925)
펴 낸 날	2023년 11월 1일 초판 제1쇄 2024년 1월 5일 초판 제2쇄
전 화	02 2014 7114
팩 스	02 3142 0357
홈페이지	www.neungyule.com
등록번호	제1-68호

고객센터
교재 내용 문의: contact.nebooks.co.kr (별도의 가입 절차 없이 작성 가능)
제품 구매, 교환, 불량, 반품 문의: 02 2014 7114
☎ 전화 문의는 본사 업무 시간 중에만 가능합니다.

수학 공부를 하다 보면 이해가 안 돼서 어렵고, 또 재미도 없고…….

그래서 수학 공부를 하기 싫은 적이 있지 않나요?

수학이 어려운 가장 큰 이유는 지금 배우고 있는 수학 개념들이 대부분 글로 된 딱딱한 설명과 식으로 되어 있기 때문이죠.

그래서 설명을 읽어도 모르겠고, 식을 봐도 이해가 되지 않는 것이랍니다.

하지만! 어려운 수학 개념을 너무나 쉽게 이해할 수 있는 방법!

바로 비주얼 싱킹을 활용해서 수학 개념을 이해하고 문제를 풀어 보는 것이지요.

여러분들이 이해하기 쉽게 수학 개념을 풀어놓은 달콤한 계산력으로 수학 공부를 재미있게 해 보세요!

달곰한 계산력 한눈에 보기

1

학교 선생님이 아이들의 눈높이에 맞추어 설명한 연산 개념을 담았어요.

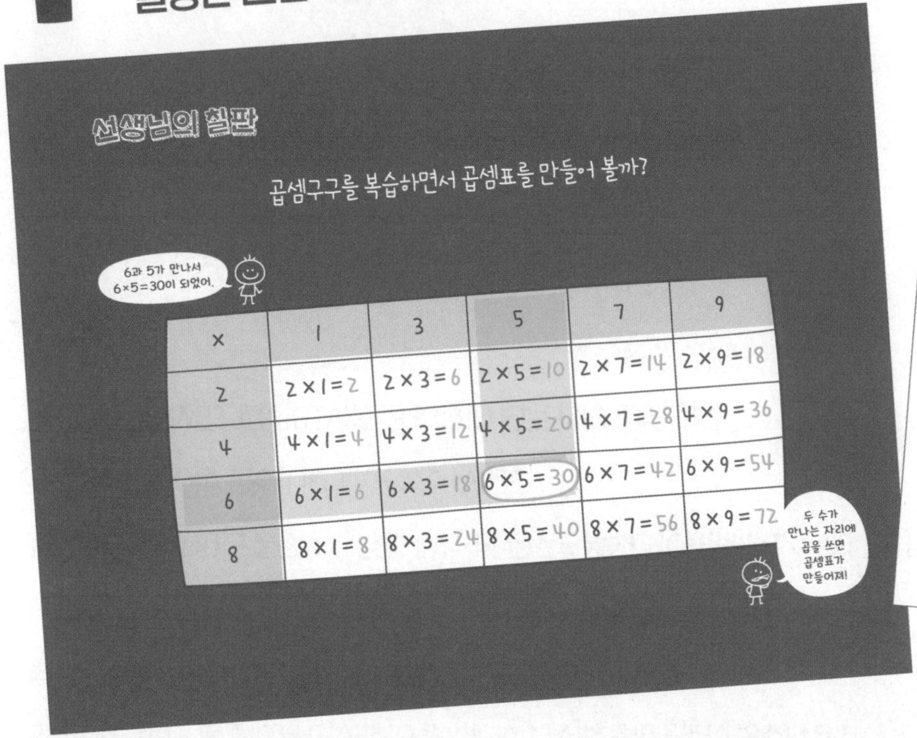

×	1	3	5	7	9
2	2×1=2	2×3=6	2×5=10	2×7=14	2×9=18
4	4×1=4	4×3=12	4×5=20	4×7=28	4×9=36
6	6×1=6	6×3=18	6×5=30	6×7=42	6×9=54
8	8×1=8	8×3=24	8×5=40	8×7=56	8×9=72

2

개념을 다시 한번 짚어주는 지문을 읽고 충분히 연습해요.

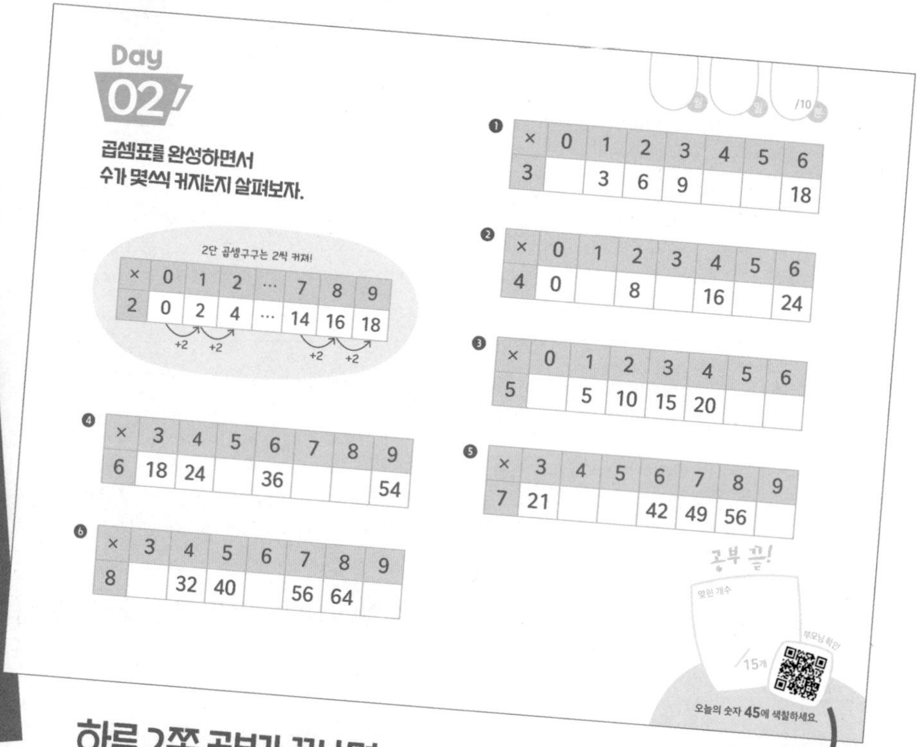

×	0	1	2	…	7	8	9
2	0	2	4	…	14	16	18

❶

×	0	1	2	3	4	5	6
3		3	6	9			18

❷

×	0	1	2	3	4	5	6
4	0		8		16		24

❸

×	0	1	2	3	4	5	6
5		5	10	15	20		

❹

×	3	4	5	6	7	8	9
6	18	24		36			54

❺

×	3	4	5	6	7	8	9
7	21			42	49	56	

❻

×	3	4	5	6	7	8	9
8		32	40		56	64	

하루 2쪽 공부가 끝나면

QR로 빠르게 채점하고, 로직을 완성해요.

3

단계별 학습이 끝나면 재미있는 놀이 연산으로 연산 실력을 UP!

1~5단계, 6~8단계, 1~8단계 범위에 따라 연산 실력을 점검해 봐요.

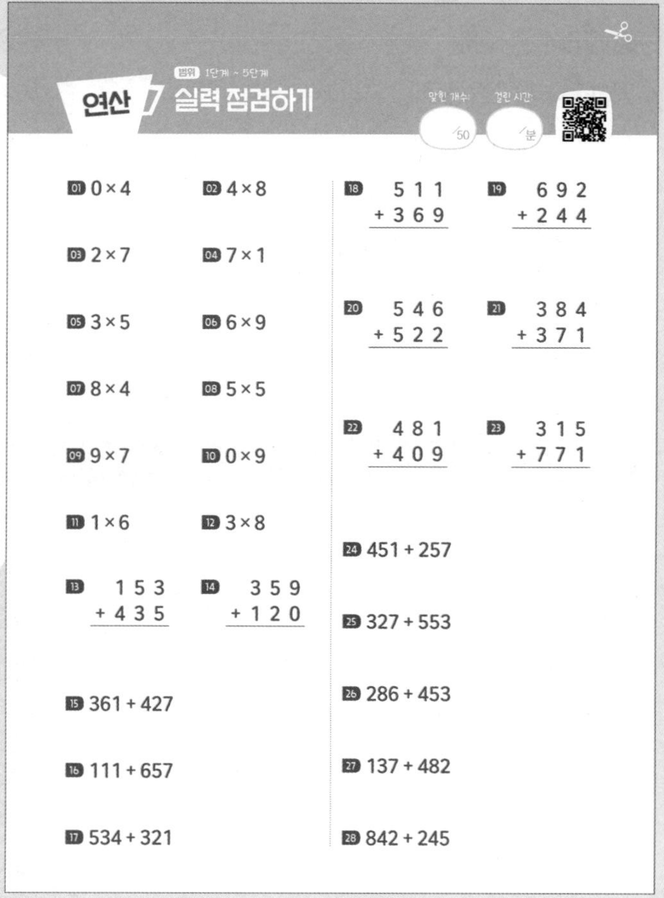

범위 1단계 ~ 5단계

연산 실력 점검하기

맞힌 개수 /50 걸린 시간 /분

01 0 × 4
02 4 × 8
03 2 × 7
04 7 × 1
05 3 × 5
06 6 × 9
07 8 × 4
08 5 × 5
09 9 × 7
10 0 × 9
11 1 × 6
12 3 × 8
13 153 + 435
14 359 + 120
15 361 + 427
16 111 + 657
17 534 + 321
18 511 + 369
19 692 + 244
20 546 + 522
21 384 + 371
22 481 + 409
23 315 + 771
24 451 + 257
25 327 + 553
26 286 + 453
27 137 + 482
28 842 + 245

권별 학습 내용

1-1	2-1	3-1
수를 모으고 가르기	받아올림이 한 번 있는 (두 자리 수)+(두 자리 수)	(몇십)×(몇)
합이 9까지인 덧셈	받아올림이 두 번 있는 (두 자리 수)+(두 자리 수)	올림이 없는 (두 자리 수)×(한 자리 수)
한 자리 수의 뺄셈	받아내림이 있는 (두 자리 수)-(두 자리 수)	십의 자리에서 올림이 있는 (두 자리 수)×(한 자리 수)
덧셈과 뺄셈의 관계	덧셈식, 뺄셈식에서 □의 값 구하기	일의 자리에서 올림이 있는 (두 자리 수)×(한 자리 수)
세 수의 덧셈과 뺄셈	같은 수를 여러 번 더하기	올림이 두 번 있는 (두 자리 수)×(한 자리 수)
(몇십)+(몇), (몇)+(몇십)	2단, 5단 곱셈구구	올림이 없는 (세 자리 수)×(한 자리 수)
(몇십몇)+(몇), (몇십몇)-(몇)	3단, 6단 곱셈구구	올림이 한 번 있는 (세 자리 수)×(한 자리 수)
(몇십)+(몇십), (몇십)-(몇십)	4단, 8단 곱셈구구	올림이 여러 번 있는 (세 자리 수)×(한 자리 수)
(몇십몇)+(몇십몇), (몇십몇)-(몇십몇)	7단, 9단 곱셈구구	나눗셈의 기초
		나눗셈의 몫 구하기

1-2	2-2	3-2
10을 모으고 가르기	곱셈구구 종합	(몇십)×(몇십), (몇십몇)×(몇십)
10이 되는 더하기, 10에서 빼기	받아올림이 없는 (세 자리 수)+(세 자리 수)	올림이 한 번 있는 (몇십몇)×(몇십몇)
두 수의 합이 10인 세 수의 덧셈	받아올림이 한 번 있는 (세 자리 수)+(세 자리 수)	올림이 여러 번 있는 (몇십몇)×(몇십몇)
받아올림이 있는 (몇)+(몇)	받아올림이 두 번 있는 (세 자리 수)+(세 자리 수)	(몇십)÷(몇), (몇백몇십)÷(몇)
두 수의 차가 10인 세 수의 뺄셈	받아올림이 세 번 있는 (세 자리 수)+(세 자리 수)	내림이 없고 나머지가 없는 (두 자리 수)÷(한 자리 수)
받아내림이 있는 (십몇)-(몇)	받아내림이 없는 (세 자리 수)-(세 자리 수)	내림이 있고 나머지가 없는 (두 자리 수)÷(한 자리 수)
덧셈과 뺄셈의 관계	받아내림이 한 번 있는 (세 자리 수)-(세 자리 수)	내림이 없고 나머지가 있는 (두 자리 수)÷(한 자리 수)
받아올림이 있는 (몇십몇)+(몇)	받아내림이 두 번 있는 (세 자리 수)-(세 자리 수)	내림이 있고 나머지가 있는 (두 자리 수)÷(한 자리 수)
받아내림이 있는 (몇십몇)-(몇)		백의 자리부터 몫을 구하는 (세 자리 수)÷(한 자리 수)
세 수의 덧셈과 뺄셈		백의 자리 수가 나누는 수보다 작은 (세 자리 수)÷(한 자리 수)

4 - 1	5 - 1	6 - 1
(몇백)×(몇십), (몇십)×(몇백)	덧셈과 뺄셈, 곱셈과 나눗셈이 섞여 있는 식	(자연수)÷(자연수), (진분수)÷(자연수)
(세 자리 수)×(몇십)	괄호가 없는 자연수의 혼합 계산	곱셈으로 계산하는 (진분수)÷(자연수)
(세 자리 수)×(두 자리 수)	괄호가 있는 자연수의 혼합 계산	(가분수)÷(자연수), (대분수)÷(자연수)
(몇백몇십)÷(몇십)	약수와 공약수, 배수와 공배수	(진분수)÷(진분수)
(두 자리 수)÷(몇십)	공약수와 최대공약수	(자연수)÷(진분수)
(세 자리 수)÷(몇십)	공배수와 최소공배수	(가분수)÷(진분수), (대분수)÷(진분수)
(두 자리 수)÷(두 자리 수)	약분과 통분	각 자리에서 나누어떨어지지 않는 (소수)÷(자연수)
몫이 한 자리 수인 (세 자리 수)÷(두 자리 수)	분모가 다른 진분수의 덧셈	0을 내리거나 몫에 0이 포함된 (소수)÷(자연수)
몫이 두 자리 수인 (세 자리 수)÷(두 자리 수)	분모가 다른 대분수의 덧셈	몫이 소수인 (자연수)÷(자연수)
	분모가 다른 진분수의 뺄셈	비와 비율
	분모가 다른 대분수의 뺄셈	백분율

4 - 2	5 - 2	6 - 2
대분수를 가분수로, 가분수를 대분수로 나타내기	어림하기	자릿수가 같은 (소수)÷(소수)
진분수의 덧셈	(분수)×(자연수)	자릿수가 다른 (소수)÷(소수)
대분수의 덧셈	(자연수)×(분수)	(자연수)÷(소수)
진분수의 뺄셈	(진분수)×(진분수)	몫을 반올림하여 나타내기
받아내림이 없는 대분수의 뺄셈	(대분수)×(대분수)	나누어 주고 남는 양
(자연수)-(분수)	세 분수의 곱셈	자연수, 분수, 소수의 혼합 계산
받아내림이 있는 대분수의 뺄셈	소수와 자연수의 곱셈	간단한 자연수의 비로 나타내기
자릿수가 같은 소수의 덧셈	(소수)×(소수)	비례식
자릿수가 다른 소수의 덧셈	분수와 소수의 혼합 계산	비례배분
자릿수가 같은 소수의 뺄셈		
자릿수가 다른 소수의 뺄셈		

46일 완성, 연산 지도법

단계	공부 내용	이렇게 지도해요	공부 날	쪽수
1 단계	곱셈구구 종합	2학년 1학기에 배웠던 곱셈구구를 복습하고 0단, 1단 곱셈구구를 알아보는 학습입니다. 곱셈구구를 완벽히 외워서 앞으로의 학습에 도움이 될 수 있도록 지도해 주세요.	DAY 1	10쪽
			DAY 2	12쪽
			DAY 3	14쪽
			DAY 4	16쪽
2 단계	받아올림이 없는 (세 자리 수)+(세 자리 수)	세 자리 수끼리 더하는 학습입니다. 덧셈에서는 자릿수에 맞춰서 더하면 됨을 이해시켜주세요.	DAY 5	22쪽
			DAY 6	24쪽
			DAY 7	26쪽
			DAY 8	28쪽
			DAY 9	30쪽
			DAY 10	32쪽
3 단계	받아올림이 한 번 있는 (세 자리 수)+(세 자리 수)	받아올림이 있는 (세 자리 수)+(세 자리 수)의 학습입니다. 이전에 배운 받아올림의 개념을 적용하여 자릿수에 맞춰 계산해보면서 충분히 익힐 수 있도록 지도해 주세요.	DAY 11	38쪽
			DAY 12	40쪽
			DAY 13	42쪽
			DAY 14	44쪽
			DAY 15	46쪽
			DAY 16	48쪽
4 단계	받아올림이 두 번 있는 (세 자리 수)+(세 자리 수)		DAY 17	54쪽
			DAY 18	56쪽
			DAY 19	58쪽
			DAY 20	60쪽
			DAY 21	62쪽
			DAY 22	64쪽

단계	공부 내용	이렇게 지도해요	공부 날	쪽수
5 단계	받아올림이 세 번 있는 (세 자리 수)+(세 자리 수)	모든 자리에서 받아올림이 있는 (세 자리 수)+(세 자리 수)의 학습입니다. 받아올림이 된 수를 잊지 않고 계산하도록 해주시고, 나아가 더 큰 자릿수 계산도 크게 다르지 않다는 것을 이해할 수 있도록 지도해 주세요.	DAY 23	70쪽
			DAY 24	72쪽
			DAY 25	74쪽
			DAY 26	76쪽
			DAY 27	78쪽
			DAY 28	80쪽
6 단계	받아내림이 없는 (세 자리 수)−(세 자리 수)	세 자리 수끼리 빼는 학습입니다. 뺄셈에서는 자릿수에 맞춰서 빼면 됨을 이해시켜주세요.	DAY 29	86쪽
			DAY 30	88쪽
			DAY 31	90쪽
			DAY 32	92쪽
			DAY 33	94쪽
			DAY 34	96쪽
7 단계	받아내림이 한 번 있는 (세 자리 수)−(세 자리 수)	받아내림이 있는 (세 자리 수)−(세 자리 수)의 학습입니다. 이전에 배운 받아내림의 개념을 적용하여 자릿수에 맞춰 계산해보면서 충분히 익힐 수 있도록 지도해 주세요.	DAY 35	102쪽
			DAY 36	104쪽
			DAY 37	106쪽
			DAY 38	108쪽
			DAY 39	110쪽
			DAY 40	112쪽
8 단계	받아내림이 두 번 있는 (세 자리 수)−(세 자리 수)		DAY 41	118쪽
			DAY 42	120쪽
			DAY 43	122쪽
			DAY 44	124쪽
			DAY 45	126쪽
			DAY 46	128쪽

01

곱셈구구 종합

이번에는 무엇을 배울까?

7단, 9단 곱셈구구

곱셈구구 종합

받아올림이 없는
(세 자리 수)+(세 자리 수)

이렇게 지도해요!

❶ 먼저 설명해 주세요.

곱셈구구를 복습하여 곱셈표를 만드는 방법을
알아봅니다.

❷ 수를 이해하며 계산해요.

Day1을 통해서 0단, 1단 곱셈구구를 알아보고
Day2의 곱셈표를 완성합니다.

❸ 충분히 연습해요.

Day3과 Day4의 문제 풀이를 통해 곱셈구구를
완벽히 외워서, 곱셈의 기초를 다집니다.

스스로 계획을 세워요!

	공부할 날짜	목표 시간	복습할 날짜
Day 01 /46	월 / 일	분 / 13개	월 / 일
Day 02 /46	월 / 일	분 / 15개	월 / 일
Day 03 /46	월 / 일	분 / 38개	월 / 일
Day 04 /46	월 / 일	분 / 38개	월 / 일

선생님의 칠판

곱셈구구를 복습하면서 곱셈표를 만들어 볼까?

×	1	3	5	7	9
2	2×1=2	2×3=6	2×5=10	2×7=14	2×9=18
4	4×1=4	4×3=12	4×5=20	4×7=28	4×9=36
6	6×1=6	6×3=18	6×5=30	6×7=42	6×9=54
8	8×1=8	8×3=24	8×5=40	8×7=56	8×9=72

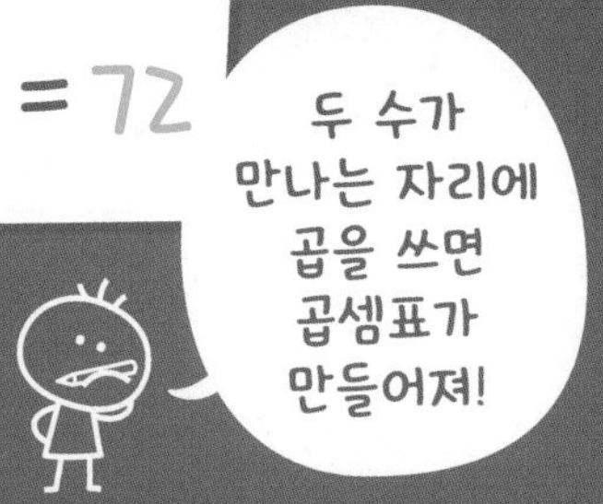

Day 01

꽃의 수를 세어 보고 1단 곱셈구구를 알아보자.

화분 하나에 꽃이 하나야!

$1 \times 1 = 1$

화분 둘이면 꽃은 둘이 되겠지?

$1 \times 2 = 2$

❶

$1 \times 3 = \square$

❷

$1 \times 4 = \square$

❸

$1 \times 5 = \square$

❹

$1 \times 6 = \square$

❺

$1 \times 7 = \square$

❻

$1 \times 8 = \square$

❼

$1 \times 9 = \square$

비어 있는 화분으로
0단 곱셈구구를 알아보자.

화분에 꽃이 없으면
화분이 많아져도 꽃의 수는 0이야.

$0 \times 1 = 0$

$0 \times 2 = 0$

$0 \times 3 = 0$

❽ 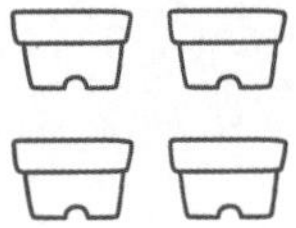

$0 \times 4 = \square$

❾ 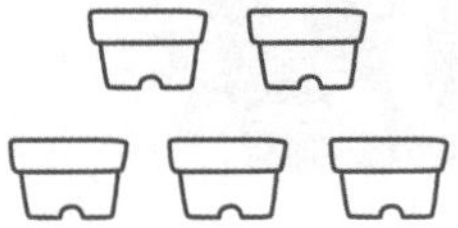

$0 \times 5 = \square$

❿ 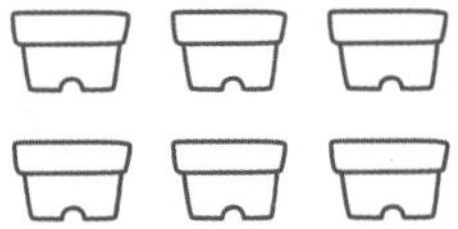

$0 \times 6 = \square$

⓫ 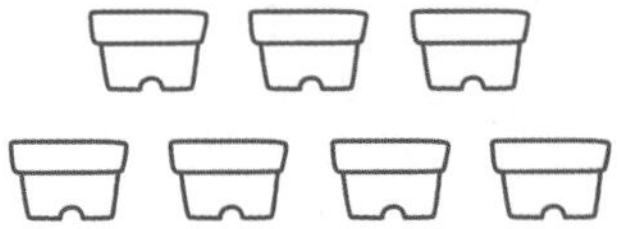

$0 \times 7 = \square$

⓬ 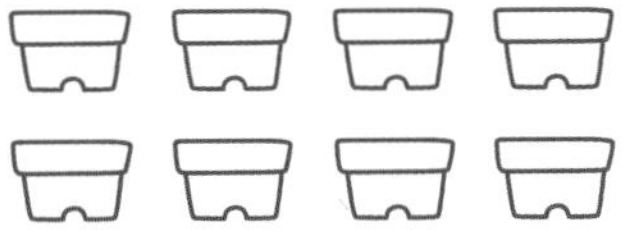

$0 \times 8 = \square$

⓭ 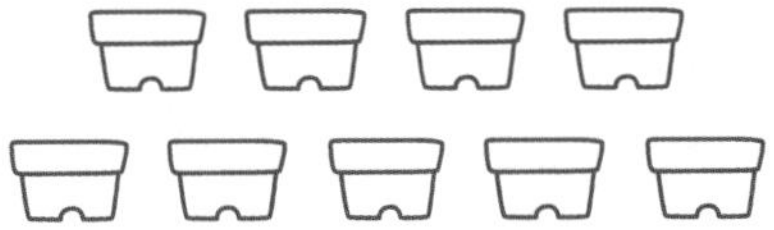

$0 \times 9 = \square$

공부 끝!

맞힌 개수 /13개

부모님 확인

오늘의 숫자 **7**에 색칠하세요.

Day 02

곱셈표를 완성하면서 수가 몇씩 커지는지 살펴보자.

2단 곱셈구구는 2씩 커져!

×	0	1	2	…	7	8	9
2	0	2	4	…	14	16	18

+2 +2 +2 +2

❶

×	0	1	2	3	4	5	6
3		3	6	9			18

❷

×	0	1	2	3	4	5	6
4	0		8		16		24

❸

×	0	1	2	3	4	5	6
5		5	10	15	20		

❹

×	3	4	5	6	7	8	9
6	18	24		36			54

❺

×	3	4	5	6	7	8	9
7	21			42	49	56	

❻

×	3	4	5	6	7	8	9
8		32	40		56	64	

❼

×	3	4	5	6	7	8	9
9	27	36				72	81

8

×	1	2	3
3			
5			
7			

9

×	4	5	6
2			
4			
6			

10

×	7	8	9
1			
5			
8			

11

×	0	2	4
2			
5			
8			

12

×	3	5	7
0			
4			
9			

13

×	6	8	9
1			
6			
7			

14

×	2	5	8
3			
4			
8			

15

×	0	6	9
2			
6			
7			

공부 끝!

맞힌 개수

/15개

부모님 확인

오늘의 숫자 **45**에 색칠하세요.

월 일 /6 분

Day 03

곱셈구구를 해 보자.

❶ 3×3

❷ 5×2

❸ 1×9

❹ 4×4

❺ 7×1

❻ 8×4

❼ 3×0

❽ 8×7

❾ 3×6

❿ 2×7

⓫ 5×6

⓬ 6×4

⓭ 9×3

⓮ 4×9

⓯ 7×9

⓰ 7×5

⓱ 6×6

⓲ 0×6

⓳ 9×8

⑳ 6×2

㉑ 2×4

㉒ 4×1

㉓ 8×2

㉔ 5×3

㉕ 7×3

㉖ 3×8

㉗ 6×7

㉘ 9×9

㉙ 0×1

㉚ 9×6

㉛ 5×9

㉜ 3×4

㉝ 8×5

㉞ 2×9

㉟ 1×3

㊱ 4×5

㊲ 6×8

㊳ 7×4

공부 끝!

맞힌 개수 /38개

부모님 확인

오늘의 숫자 **31**에 색칠하세요.

Day 04

0~9단 곱셈구구를 외워 □를 채워 보자!

❶ 2 × □ = 10

(2에 / 몇을 곱해야 / 10이 될까?)

❷ 7 × □ = 42

❸ 8 × □ = 24

❹ 3 × □ = 15

❺ 2 × □ = 16

❻ 1 × □ = 5

❼ 4 × □ = 28

❽ 3 × □ = 21

❾ 5 × □ = 20

❿ 2 × □ = 12

⓫ 9 × □ = 36

⓬ 9 × □ = 18

⓭ 4 × □ = 8

⓮ 8 × □ = 48

⓯ 6 × □ = 54

⓰ 8 × □ = 72

⓱ 4 × □ = 0

⓲ 7 × □ = 14

⓳ 9 × □ = 63

⑳ 6 = 2 × □

㉑ 49 = 7 × □

㉒ 48 = 6 × □

㉓ 25 = 5 × □

㉔ 0 = 5 × □

㉕ 6 = 3 × □

㉖ 9 = 9 × □

㉗ 56 = 7 × □

㉘ 32 = 4 × □

㉙ 8 = 8 × □

㉚ 18 = 6 × □

㉛ 27 = 3 × □

㉜ 30 = 6 × □

㉝ 12 = 4 × □

㉞ 24 = 4 × □

㉟ 40 = 5 × □

㊱ 35 = 5 × □

㊲ 7 = 1 × □

㊳ 45 = 9 × □

공부 끝!

맞힌 개수 /38개

부모님 확인

오늘의 숫자 **12**에 색칠하세요.

연산 놀이터

거북이 등을 꾸며 볼까?

부모님 확인

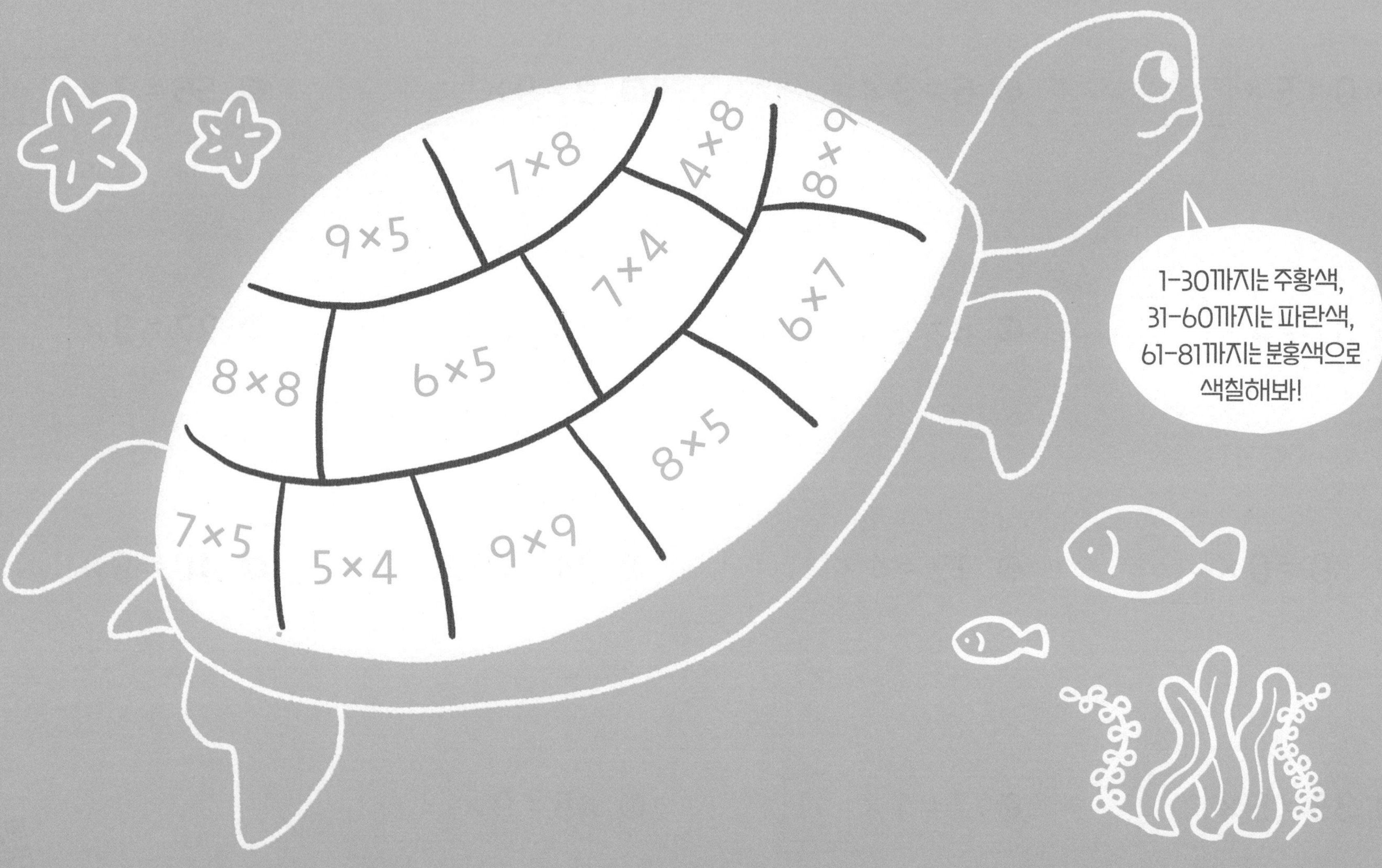

02

받아올림이 없는 (세 자리 수)+(세 자리 수)

이번에는 무엇을 배울까?

곱셈구구 종합

받아올림이 없는 (세 자리 수)+(세 자리 수)

받아올림이 한 번 있는 (세 자리 수)+(세 자리 수)

이렇게 지도해요!

❶ 먼저 설명해 주세요.

각 자리를 줄로 나타내고 구슬로 값을 나타내었습니다.
아이와 함께 각 자리의 구슬 수를 세어 보면서
'같은 자리끼리 계산한다.'는 원리를 이해합니다.

❷ 수를 이해하며 계산해요.

설명과 이어지는 그림을 이용하여 Day5와 Day6에서
재미있게 문제를 풉니다.

❸ 충분히 연습해요.

Day7~Day10의 문제 풀이를 통해 수를 이해하는
힘을 기르고, 덧셈 원리와 방법을 익힙니다.

스스로 계획을 세워요!

	공부할 날짜	목표 시간	복습할 날짜
Day 05 46	월 / 일	분 / 10개	월 / 일
Day 06 46	월 / 일	분 / 10개	월 / 일
Day 07 46	월 / 일	분 / 28개	월 / 일
Day 08 46	월 / 일	분 / 36개	월 / 일
Day 09 46	월 / 일	분 / 34개	월 / 일
Day 10 46	월 / 일	분 / 34개	월 / 일

선생님의 칠판

백의 자리 줄, 십의 자리 줄, 일의 자리 줄에 알맞은 수의 구슬을 넣고 개수를 세어 봐.

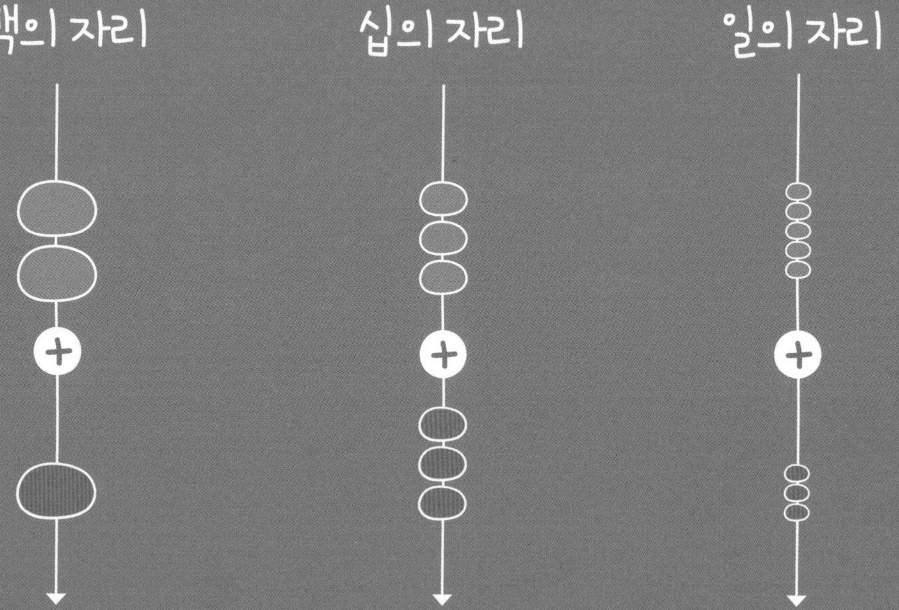

235
+
133

300 + 60 + 8 = 368

Day 05

각 자리에 ⬭를 그려 같은 자리 수끼리 더해 보자.

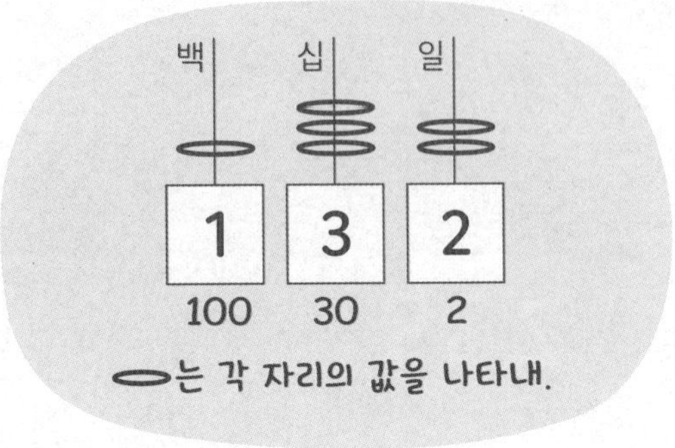

❶ 백 십 일

243 + 224

| 4 | 6 | 7 | |

❷ 백 십 일

323 + 426

| | | | |

❸ 백 십 일

135 + 341

| | | | |

❹ 백 십 일

184 + 801

| | | | |

❺ 백 십 일

531 + 164

| | | | |

❻ 백 십 일

605 + 201

❼ 백 십 일

122 + 441

❽ 백 십 일

111 + 320

❾ 백 십 일

317 + 261

❿ 백 십 일

501 + 363

공부 끝!

맞힌 개수 /10개

부모님 확인

오늘의 숫자 **67**에 색칠하세요.

Day 06

일, 십, 백의 자리 수가 나타내는 값을 더해 보자.

❶
```
1 0 0 + 4 0 0 =
  7 0 +   1 0 =
    2 +     6 =
---------------
1 7 2 + 4 1 6 =
```

세 자리 수의 덧셈은 각 자리 숫자가 나타내는 값의 합을 더한 거야.

❷
```
2 0 0 + 3 0 0 =
  4 0 +   2 0 =
    3 +     5 =
---------------
        +     =
```

❸
```
6 0 0 + 1 0 0 =
  2 0 +   5 0 =
    2 +     5 =
---------------
        +     =
```

❹
```
2 0 0 + 4 0 0 =
  5 0 +   3 0 =
    1 +     6 =
---------------
        +     =
```

❺
```
5 0 0 + 4 0 0 =
  4 0 +   4 0 =
    8 +     1 =
---------------
        +     =
```

❻
200 + 300 = 500
10 + =
3 + =
213 + 355 =

❼
+ =
+ =
+ =
326 + 431 =

❽
+ =
+ =
+ =
524 + 275 =

❾
+ =
+ =
+ =
652 + 146 =

❿
+ =
+ =
+ =
214 + 722 =

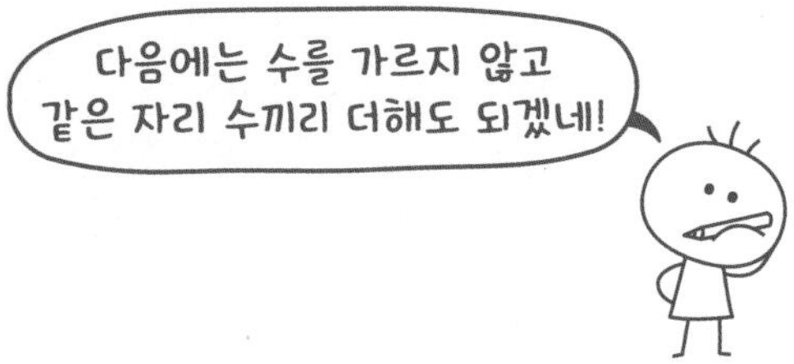

공부 끝!
맞힌 개수
/10개
부모님 확인
오늘의 숫자 70에 색칠하세요.

Day 07

같은 자리 수끼리, 일, 십, 백의 자리 순서로 더해 보자.

	2	3	1
+	3	4	5
	5	7	6

같은 자리의 수인지 확인해서 더하고 자리에 맞춰 써야 해.

❶

	8	0	0
+	1	0	0

❷

	2	5	0
+	3	0	0

❸

	1	6	0
+	4	0	0

❹

	3	8	0
+	1	1	0

❺

	3	1	0
+	2	7	0

❻

	1	0	4
+	2	0	3

❼

	1	5	7
+	3	0	2

❽

	6	0	2
+	2	3	4

❾

	3	0	9
+	3	4	0

❿

	8	2	8
+	1	7	0

⓫

	2	7	0
+	5	1	9

⓬

	4	3	2
+	2	0	3

⓭

	4	6	4
+	5	2	0

⑭

	4	7	8
+	4	2	1

⑮

	3	4	2
+	5	3	7

⑯

	5	2	6
+	2	4	1

⑰

	4	2	5
+	3	6	2

⑱

	4	1	6
+	1	2	1

⑲

	3	5	4
+	6	4	2

⑳

	2	3	6
+	3	2	1

㉑

	5	1	3
+	3	2	6

㉒

	2	2	1
+	1	4	4

㉓

	7	2	5
+	1	5	3

㉔

	1	7	2
+	3	1	6

㉕

	6	8	1
+	2	1	7

㉖

	7	6	7
+	1	2	1

㉗

	8	1	2
+	1	5	6

㉘

	3	5	3
+	5	3	2

공부 끝!

맞힌 개수 /28개

부모님 확인

오늘의 숫자 **63**에 색칠하세요.

Day 08

가로셈도 각 자리 수끼리 더하면 돼.

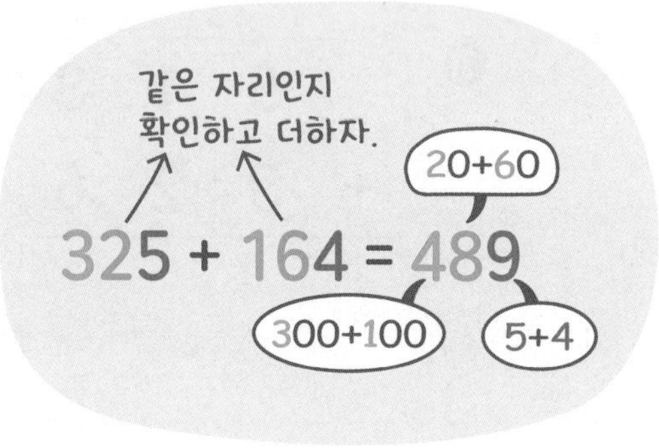

❶ 500 + 400

❷ 230 + 350

❸ 720 + 140

❹ 206 + 303

❺ 404 + 203

❻ 300 + 250

❼ 700 + 200

❽ 650 + 210

❾ 420 + 500

❿ 276 + 301

⓫ 394 + 205

⓬ 232 + 450

⓭ 340 + 205

⓮ 310 + 446

⓯ 600 + 180

⓰ 827 + 160

⓱ 530 + 150

⑱ 781 + 116

⑲ 251 + 247

⑳ 664 + 215

㉑ 436 + 231

㉒ 155 + 314

㉓ 481 + 516

㉔ 253 + 126

㉕ 472 + 314

㉖ 512 + 466

㉗ 382 + 313

㉘ 812 + 171

㉙ 635 + 224

㉚ 632 + 254

㉛ 556 + 232

㉜ 823 + 154

㉝ 538 + 251

㉞ 473 + 315

㉟ 241 + 333

㊱ 715 + 214

공부 끝!

맞힌 개수 /36개

부모님 확인

오늘의 숫자 **44**에 색칠하세요.

월 일 /12 분

Day 09

같은 자리 수끼리 더해서
자리에 맞게 써 보자.

❶ $\begin{array}{r} 258 \\ +\ 521 \\ \hline \end{array}$

❷ $\begin{array}{r} 545 \\ +\ 323 \\ \hline \end{array}$

❸ $\begin{array}{r} 390 \\ +\ 407 \\ \hline \end{array}$

❹ $\begin{array}{r} 602 \\ +\ 357 \\ \hline \end{array}$

❺ $\begin{array}{r} 361 \\ +\ 208 \\ \hline \end{array}$

❻ $\begin{array}{r} 450 \\ +\ 540 \\ \hline \end{array}$

❼ $\begin{array}{r} 465 \\ +\ 101 \\ \hline \end{array}$

❽ $\begin{array}{r} 186 \\ +\ 411 \\ \hline \end{array}$

❾ $\begin{array}{r} 315 \\ +\ 663 \\ \hline \end{array}$

❿ $\begin{array}{r} 844 \\ +\ 152 \\ \hline \end{array}$

⓫ $\begin{array}{r} 806 \\ +\ 112 \\ \hline \end{array}$

⓬ $\begin{array}{r} 689 \\ +\ 200 \\ \hline \end{array}$

⓭ $\begin{array}{r} 712 \\ +\ 180 \\ \hline \end{array}$

⓮ $\begin{array}{r} 776 \\ +\ 203 \\ \hline \end{array}$

⓯ $\begin{array}{r} 350 \\ +\ 228 \\ \hline \end{array}$

⑯ 415 + 224

⑰ 824 + 150

⑱ 255 + 611

⑲ 246 + 630

⑳ 507 + 181

㉑ 201 + 731

㉒ 217 + 152

㉓ 310 + 139

㉔ 115 + 884

㉕ 708 + 201

㉖ 411 + 114

㉗ 304 + 354

㉘ 171 + 717

㉙ 609 + 340

㉚ 555 + 123

㉛ 547 + 422

㉜ 560 + 310

㉝ 500 + 327

㉞ 341 + 432

공부 끝!

맞힌 개수 /34개

부모님 확인

오늘의 숫자 **9**에 색칠하세요.

Day 10

왜 같은 자리 수끼리 더하는지 생각하며 계산해 보자.

❶ $\begin{array}{r} 378 \\ +\ 420 \\ \hline \end{array}$

❷ $\begin{array}{r} 251 \\ +\ 247 \\ \hline \end{array}$

❸ $\begin{array}{r} 421 \\ +\ 117 \\ \hline \end{array}$

❹ $\begin{array}{r} 130 \\ +\ 766 \\ \hline \end{array}$

❺ $\begin{array}{r} 224 \\ +\ 223 \\ \hline \end{array}$

❻ $\begin{array}{r} 645 \\ +\ 231 \\ \hline \end{array}$

❼ $\begin{array}{r} 417 \\ +\ 170 \\ \hline \end{array}$

❽ $\begin{array}{r} 704 \\ +\ 280 \\ \hline \end{array}$

❾ $\begin{array}{r} 391 \\ +\ 505 \\ \hline \end{array}$

❿ $\begin{array}{r} 818 \\ +\ 121 \\ \hline \end{array}$

⓫ $\begin{array}{r} 431 \\ +\ 565 \\ \hline \end{array}$

⓬ $\begin{array}{r} 651 \\ +\ 126 \\ \hline \end{array}$

⓭ $\begin{array}{r} 231 \\ +\ 650 \\ \hline \end{array}$

⓮ $\begin{array}{r} 370 \\ +\ 307 \\ \hline \end{array}$

⓯ $\begin{array}{r} 128 \\ +\ 171 \\ \hline \end{array}$

⑯ 124 + 770

⑰ 526 + 112

⑱ 454 + 124

⑲ 659 + 240

⑳ 320 + 617

㉑ 815 + 160

㉒ 119 + 720

㉓ 827 + 110

㉔ 408 + 541

㉕ 220 + 609

㉖ 222 + 333

㉗ 824 + 175

㉘ 623 + 134

㉙ 136 + 631

㉚ 421 + 266

㉛ 614 + 245

㉜ 745 + 203

㉝ 480 + 309

㉞ 334 + 165

공부 끝!

맞힌 개수 /34개

부모님 확인

오늘의 숫자 **64**에 색칠하세요.

연산 놀이터

부모님 확인

답이 작은 것부터 큰 것까지 순서대로 이어
햄스터가 집에 무사히 도착할 수 있도록 길을 그려 봐.

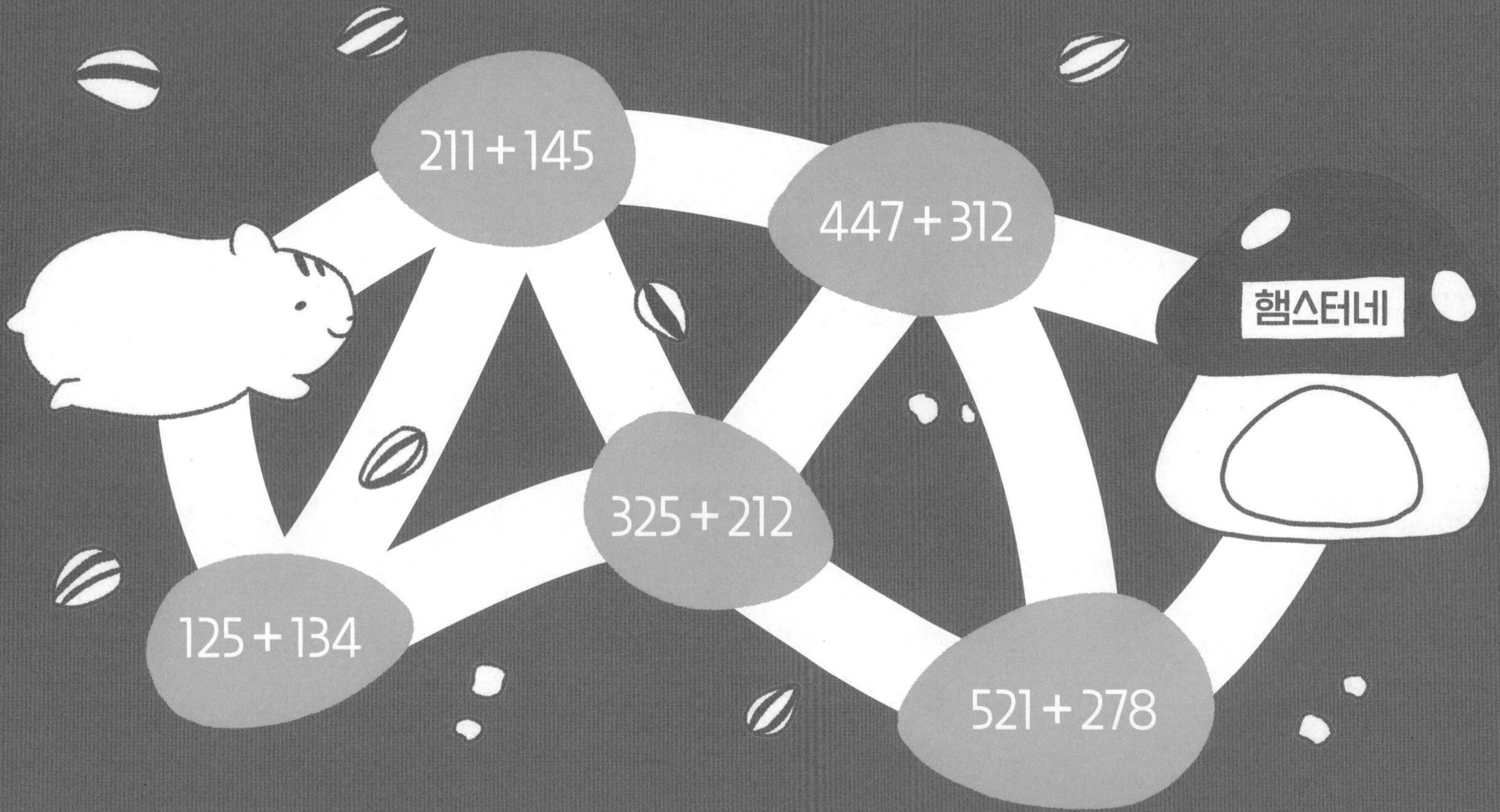

03

받아올림이 한 번 있는 (세 자리 수)+(세 자리 수)

이번에는 무엇을 배울까?

받아올림이 없는 (세 자리 수)+(세 자리 수)

받아올림이 한 번 있는 (세 자리 수)+(세 자리 수)

받아올림이 두 번 있는 (세 자리 수)+(세 자리 수)

이렇게 지도해요!

스스로 계획을 세워요!

❶ 먼저 설명해 주세요.

각 자리를 줄로 나타내고 구슬로 값을 나타내었습니다.
한 자리에 10개의 구슬이 모이면 윗자리의
구슬 하나로 바꾸고 각 자리의 구슬 수를 세어 보면서
'받아올림한 후 같은 자리끼리 계산한다.'는
원리를 이해합니다.

❷ 수를 이해하며 계산해요.

설명과 이어지는 그림을 이용하여 Day11과 Day12에서
재미있게 문제를 풉니다.

❸ 충분히 연습해요.

Day13~Day16의 문제 풀이를 통해 수를 이해하는
힘을 기르고, 받아올림이 한 번 있는 덧셈 원리와 방법을
익힙니다.

	공부할 날짜	목표 시간	복습할 날짜
Day 11 /46	월 / 일	분 / 10개	월 / 일
Day 12 /46	월 / 일	분 / 10개	월 / 일
Day 13 /46	월 / 일	분 / 28개	월 / 일
Day 14 /46	월 / 일	분 / 18개	월 / 일
Day 15 /46	월 / 일	분 / 34개	월 / 일
Day 16 /46	월 / 일	분 / 34개	월 / 일

선생님의 칠판

백의 자리 줄, 십의 자리 줄, 일의 자리 줄에 알맞은 수의 구슬을 넣어 봐.

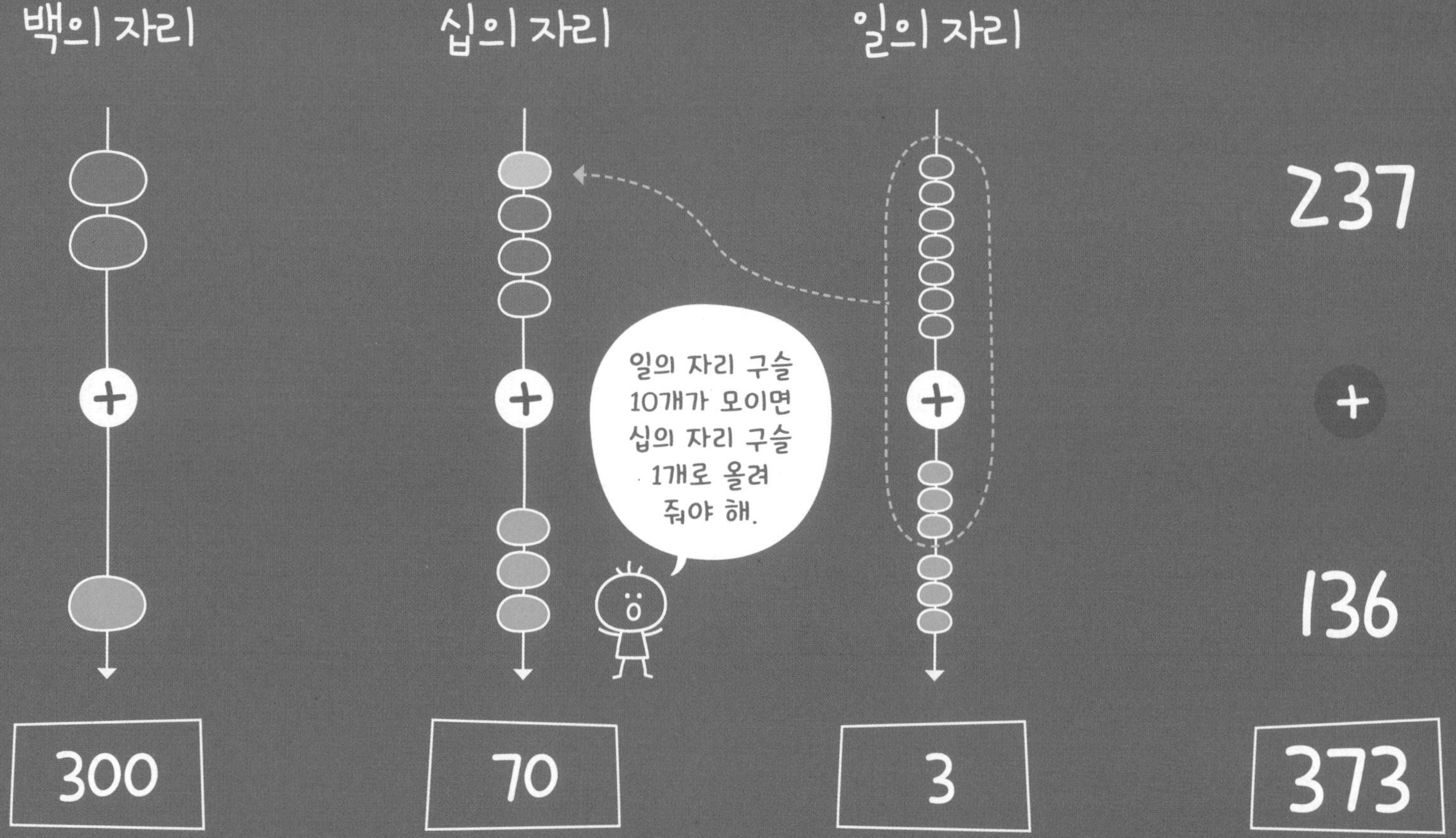

Day 11

각 자리에 ⬭를 그리고 10개가 되면 윗자리의 ⬭ 1개로 바꾸자. 그리고, 같은 자리 수끼리 더하면 돼.

❶
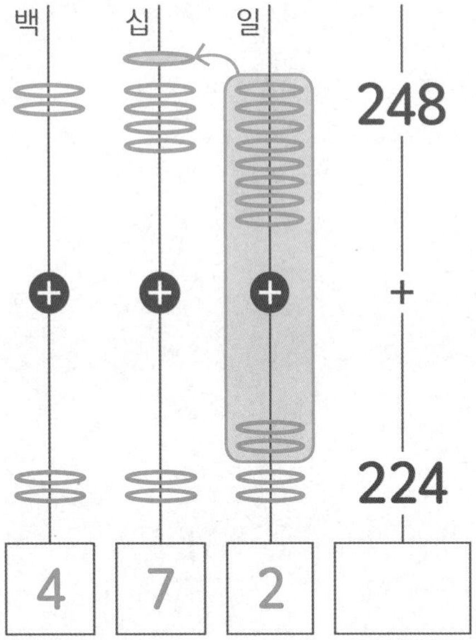

❷
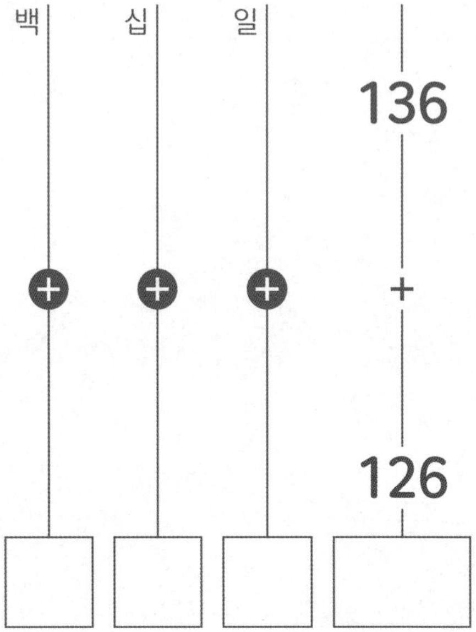

❸
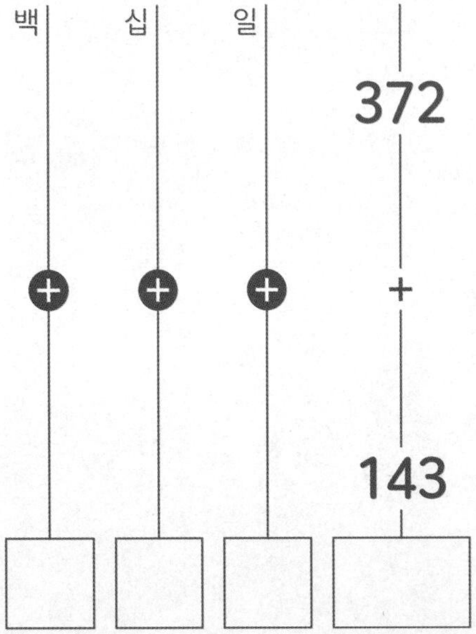

❹
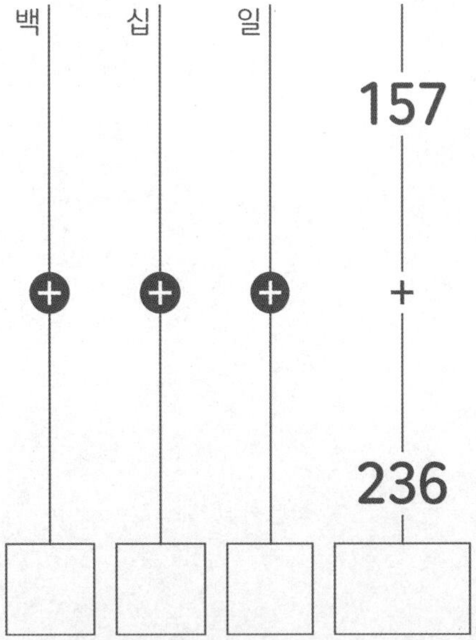

❺
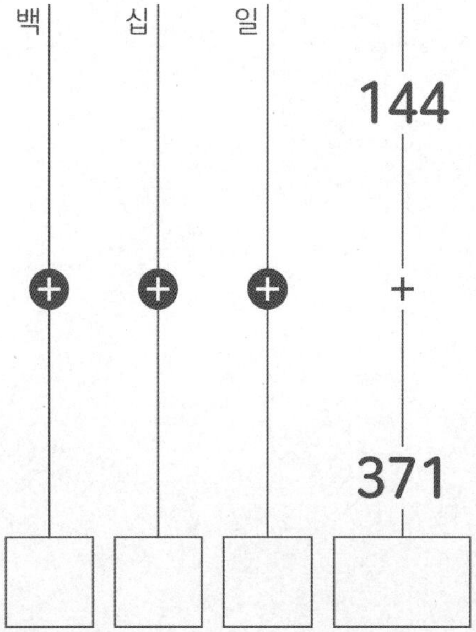

❻ 백 십 일

407 + 105

❼ 백 십 일

180 + 220

❽ 백 십 일

435 + 405

❾ 백 십 일

123 + 569

❿ 백 십 일

480 + 151

공부 끝!

맞힌 개수 /10개

부모님 확인

오늘의 숫자 **19**에 색칠하세요.

Day 12

같은 숫자라도 자리에 따라 값이 다르니까 같은 자리 수가 나타내는 값끼리 더해야 해.

❶

200	+ 400	=
40	+ 20	=
8	+ 3	=
248	+ 423	=

각 자리 수가 나타내는 값의 합을 구해.

❷

	+	=
	+	=
	+	=
345	+ 136	=

❶처럼 갈라서 계산해 봐.

❸

	+	=
	+	=
	+	=
176	+ 573	=

❹

	+	=
	+	=
	+	=
324	+ 549	=

❺

	+	=
	+	=
	+	=
481	+ 198	=

❻
\+ = 1200
\+ =
\+ =
629 + 650 =

❼
\+ =
\+ =
\+ =
124 + 385 =

❽
\+ =
\+ =
\+ =
941 + 337 =

❾
\+ =
\+ =
\+ =
632 + 274 =

❿
\+ =
\+ =
\+ =
625 + 215 =

공부 끝!

맞힌 개수 /10개

부모님 확인

오늘의 숫자 **43**에 색칠하세요.

Day 13

왜 같은 자리 수끼리 더하는지 생각하며 계산해 보자.

발아올림한 1은 윗자리 수 위에 작게 써야 빠뜨리지 않고 더할 수 있어.

		1	
	2	5	2
+	1	3	9
	3	9	1

1+5+3

❶

		1	
	4	6	5
+	1	2	6
			1

❷

	2	2	6
+	1	5	5

❸

	4	0	8
+	3	0	9

❹

	4	7	5
+	2	1	7

❺

	1	6	3
+	2	7	5

❻

	3	6	5
+	2	7	4

❼

	1	2	8
+	3	5	4

❽

	6	1	1
+	1	4	9

❾

	6	0	9
+	3	2	2

❿

	4	5	6
+	3	6	2

⓫

	6	9	0
+	1	2	4

⓬

	7	7	1
+	1	4	1

⓭

	6	3	6
+	2	5	5

⑭

	5	6	3
+	1	5	6

⑮

	6	4	2
+	5	1	4

⑯

	1	0	9
+	9	1	0

⑰

	4	8	2
+	1	5	3

⑱

	7	3	2
+	5	1	6

⑲

	4	5	6
+	1	2	8

⑳

	4	9	5
+	3	8	2

㉑

	3	2	1
+	9	5	1

㉒

	6	1	2
+	1	7	9

㉓

	8	1	6
+	4	2	3

㉔

	6	6	8
+	7	2	1

㉕

	7	8	3
+	1	2	3

㉖

	6	1	4
+	2	7	8

㉗

	6	4	3
+	4	2	4

㉘

	3	4	4
+	3	2	9

공부 끝!
맞힌 개수
/28개
부모님 확인

오늘의 숫자 62에 색칠하세요.

Day 14

세로셈으로 쓰면 자리에 맞춰 더하기 편리해.

345 + 138 = 483

	1		
	3	4	5
+	1	3	8
	4	8	3

같은 자리 수끼리 더하고
10이 되면 윗자리로!

❶ 175 + 417 =

		1	
	1	7	5
+	4	1	7

❷ 819 + 135 =

❸ 246 + 238 =

❹ 527 + 166 =

❺ 385 + 474 =

❻ 654 + 172 =

❼ 461 + 386 =

❽ 518 + 428 =

❾ 717 + 259 =

❿ 491 + 293 =

⑪ 681 + 136 =

⑫ 266 + 217 =

⑬ 348 + 811 =

⑭ 741 + 852 =

⑮ 536 + 245 =

⑯ 157 + 902 =

⑰ 471 + 803 =

⑱ 753 + 942 =

공부 끝!

맞힌 개수

/18개

부모님 확인

오늘의 숫자 **46**에 색칠하세요.

Day 15

같은 자리 수끼리 더해 보자.

❶ $\begin{array}{r} {}^{1} \\ 412 \\ +\,193 \\ \hline \end{array}$

❷ $\begin{array}{r} 671 \\ +\,182 \\ \hline \end{array}$

❸ $\begin{array}{r} 227 \\ +\,802 \\ \hline \end{array}$

❹ $\begin{array}{r} 618 \\ +\,159 \\ \hline \end{array}$

❺ $\begin{array}{r} 608 \\ +\,325 \\ \hline \end{array}$

❻ $\begin{array}{r} 408 \\ +\,107 \\ \hline \end{array}$

❼ $\begin{array}{r} 421 \\ +\,293 \\ \hline \end{array}$

❽ $\begin{array}{r} 489 \\ +\,204 \\ \hline \end{array}$

❾ $\begin{array}{r} 713 \\ +\,616 \\ \hline \end{array}$

❿ $\begin{array}{r} 432 \\ +\,726 \\ \hline \end{array}$

⓫ $\begin{array}{r} 522 \\ +\,194 \\ \hline \end{array}$

⓬ $\begin{array}{r} 507 \\ +\,428 \\ \hline \end{array}$

⓭ $\begin{array}{r} 840 \\ +\,346 \\ \hline \end{array}$

⓮ $\begin{array}{r} 249 \\ +\,319 \\ \hline \end{array}$

⓯ $\begin{array}{r} 191 \\ +\,483 \\ \hline \end{array}$

가로셈을 할 때도
받아올림한 수를 쓸 수 있어.

⑯ 532 + 380

3+8=11

⑰ 278 + 515

⑱ 641 + 924

⑲ 554 + 723

⑳ 414 + 578

㉑ 496 + 183

㉒ 642 + 109

㉓ 335 + 129

㉔ 764 + 812

㉕ 495 + 172

㉖ 646 + 291

㉗ 277 + 342

㉘ 490 + 172

㉙ 447 + 722

㉚ 366 + 170

㉛ 506 + 425

㉜ 317 + 247

㉝ 662 + 187

㉞ 326 + 482

공부 끝!

맞힌 개수 /34개

부모님 확인

오늘의 숫자 **99**에 색칠하세요.

월 일 분 /12

Day 16

자리 수의 합이 10이 넘으면 윗자리로 1을 올려.

❶
$$\begin{array}{r} {}^{1} \\ 428 \\ +\,158 \\ \hline \end{array}$$

❷
$$\begin{array}{r} 492 \\ +\,172 \\ \hline \end{array}$$

❸
$$\begin{array}{r} 696 \\ +\,173 \\ \hline \end{array}$$

❹
$$\begin{array}{r} 624 \\ +\,281 \\ \hline \end{array}$$

❺
$$\begin{array}{r} 432 \\ +\,826 \\ \hline \end{array}$$

❻
$$\begin{array}{r} 708 \\ +\,421 \\ \hline \end{array}$$

❼
$$\begin{array}{r} 482 \\ +\,208 \\ \hline \end{array}$$

❽
$$\begin{array}{r} 670 \\ +\,825 \\ \hline \end{array}$$

❾
$$\begin{array}{r} 493 \\ +\,314 \\ \hline \end{array}$$

❿
$$\begin{array}{r} 725 \\ +\,614 \\ \hline \end{array}$$

⓫
$$\begin{array}{r} 639 \\ +\,154 \\ \hline \end{array}$$

⓬
$$\begin{array}{r} 626 \\ +\,246 \\ \hline \end{array}$$

⓭
$$\begin{array}{r} 807 \\ +\,177 \\ \hline \end{array}$$

⓮
$$\begin{array}{r} 847 \\ +\,512 \\ \hline \end{array}$$

⓯
$$\begin{array}{r} 494 \\ +\,134 \\ \hline \end{array}$$

가로셈을 할 때도
받아올림한 수를 잊으면 안돼!

1

⑯ 267 + 450

⑰ 408 + 244

⑱ 871 + 315

⑲ 269 + 270

⑳ 383 + 432

㉑ 765 + 144

㉒ 574 + 165

㉓ 480 + 811

㉔ 308 + 701

㉕ 546 + 942

㉖ 712 + 724

㉗ 555 + 354

㉘ 790 + 190

㉙ 615 + 841

㉚ 475 + 621

㉛ 853 + 532

㉜ 667 + 224

㉝ 509 + 342

㉞ 277 + 192

공부 끝!

맞힌 개수

/34개

부모님 확인

오늘의 숫자 **8**에 색칠하세요.

연산 놀이터

부모님 확인

식과 답이 알맞게 이어지도록 사다리에 하나의 선을 추가해 봐!

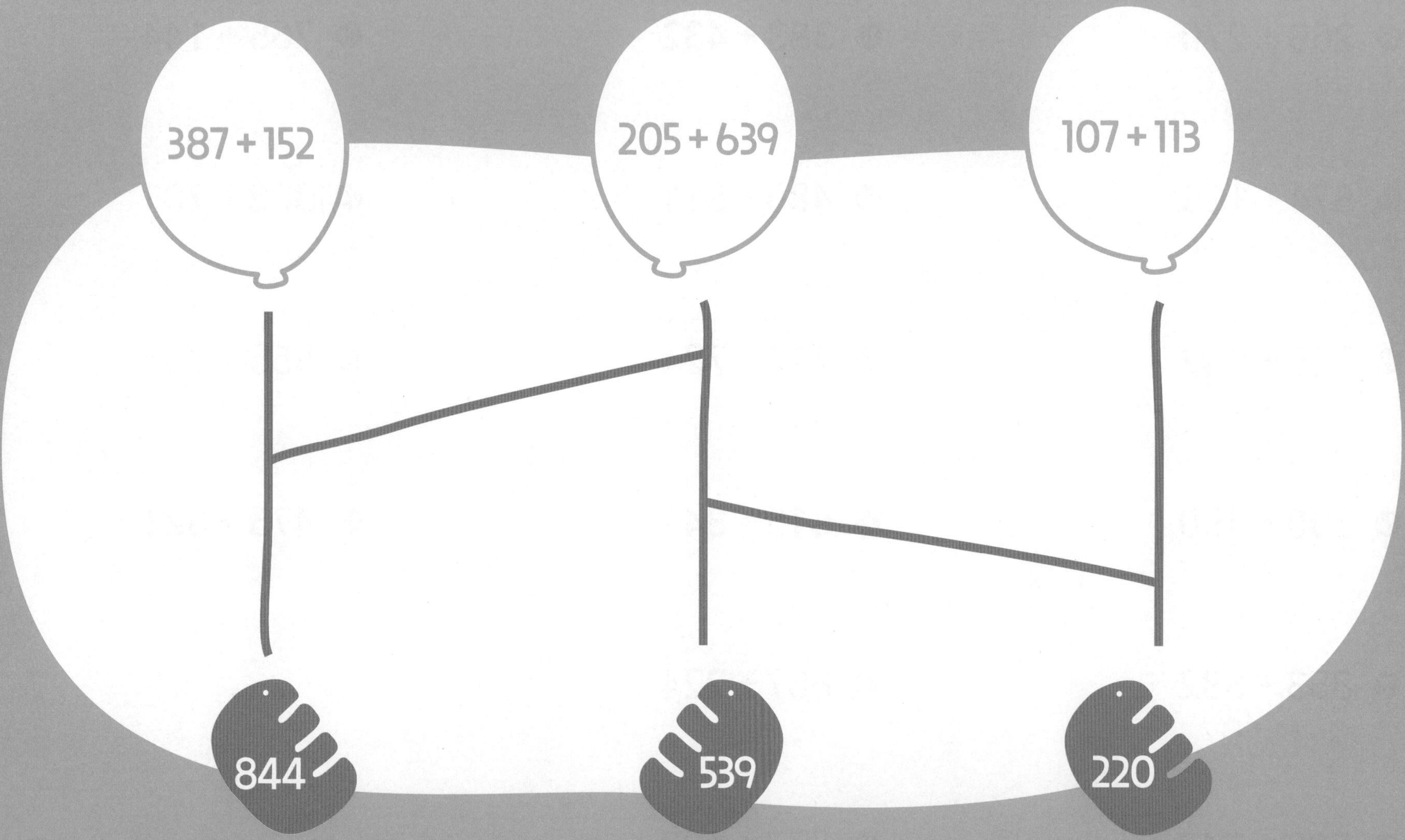

04

받아올림이 두 번 있는
(세 자리 수)+(세 자리 수)

이번에는 무엇을 배울까?

받아올림이 한 번 있는
(세 자리 수)+(세 자리 수)

받아올림이 두 번 있는
(세 자리 수)+(세 자리 수)

받아올림이 세 번 있는
(세 자리 수)+(세 자리 수)

이렇게 지도해요!

❶ 먼저 설명해 주세요.

각 자리를 줄로 나타내고 구슬로 값을 나타내었습니다.
한 자리에 10개의 구슬이 모이면 윗자리의 구슬 하나가 되는 그림으로 받아올림의 원리를 이해하고 두 번의 받아올림이 있는 덧셈을 해 봅니다.

❷ 수를 이해하며 계산해요.

설명과 이어지는 그림을 이용하여 Day17과 Day18에서 재미있게 문제를 풉니다.

❸ 충분히 연습해요.

Day19~Day22의 문제 풀이를 통해 수를 이해하는 힘을 기르고, 받아올림이 두 번 있는 덧셈 방법을 익힙니다.

스스로 계획을 세워요!

	공부할 날짜	목표 시간	복습할 날짜
Day 17/46	월 / 일	분 / 10개	월 / 일
Day 18/46	월 / 일	분 / 10개	월 / 일
Day 19/46	월 / 일	분 / 28개	월 / 일
Day 20/46	월 / 일	분 / 18개	월 / 일
Day 21/46	월 / 일	분 / 34개	월 / 일
Day 22/46	월 / 일	분 / 34개	월 / 일

선생님의 칠판

어느 자리든 구슬 10개가 모이면 윗자리 구슬 1개로 올림해.

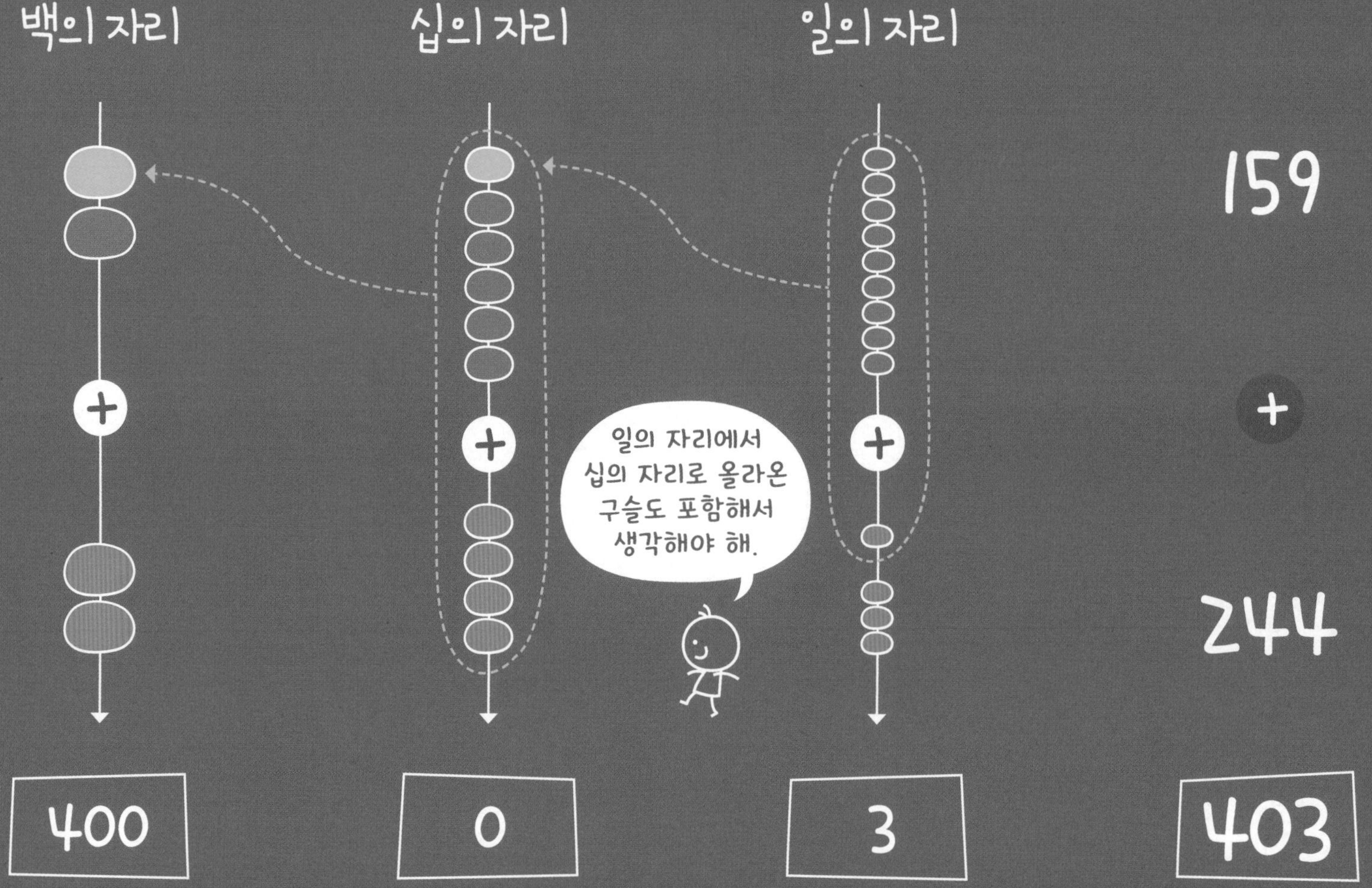

Day 17

각 자리에 ⬭를 그리고 두 번 받아올림하여 같은 자리 수끼리 더해 보자.

❶ 백 십 일

268
+
254

5	2	2	

❷ 백 십 일

176
+
124

❸ 백 십 일

484
+
158

❹ 백 십 일

143
+
269

❺ 백 십 일

136
+
198

❻ 백 십 일

445 + 455 = □ (백 □, 십 □, 일 □)

❼ 백 십 일

237 + 377 = □ (백 □, 십 □, 일 □)

❽ 백 십 일

167 + 378 = □ (백 □, 십 □, 일 □)

❾ 백 십 일

426 + 184 = □ (백 □, 십 □, 일 □)

❿ 백 십 일

365 + 366 = □ (백 □, 십 □, 일 □)

공부 끝!

맞힌 개수 /10개

부모님 확인

오늘의 숫자 72에 색칠하세요.

Day 18

일, 십, 백의 자리로 갈라서 같은 자리 수가 나타내는 값끼리 더해 보자.

❶
100 + 300 =
90 + 80 =
4 + 9 =

194 + 389 =

각 자리 수를 갈라서 나타내면 쉽게 계산할 수 있어.

❷
+ =
+ =
+ =

256 + 384 =

직접 수를 갈라서 계산해 봐.

❸
+ =
+ =
+ =

343 + 287 =

❹
+ =
+ =
+ =

467 + 445 =

❺
+ =
+ =
+ =

655 + 166 =

⑥
600 + 500 =
30 + 20 =
7 + 8 =

637 + 528 =

⑦
+ =
+ =
+ =

718 + 329 =

⑧
+ =
+ =
+ =

532 + 529 =

⑨
+ =
+ =
+ =

844 + 372 =

⑩
+ =
+ =
+ =

693 + 354 =

공부 끝!

맞힌 개수 /10개

부모님 확인

오늘의 숫자 84에 색칠하세요.

Day 19

받아올림을 생각하며
같은 자리 수끼리
더해 보자.

받아올림한 수 1을 바로
윗자리 수 위에 작게 써 봐.

	1	1	
	2	7	3
+	3	4	9
	6	2	2
	1+2+3	1+7+4	

❶

	1	1	
	3	9	4
+	2	2	7
		2	1

❷

	4	6	2
+	2	5	9

❸

	3	4	4
+	4	7	7

❹

	6	7	9
+	2	5	6

❺

	4	9	8
+	3	5	4

❻

	1	3	9
+	2	8	9

❼

	4	9	2
+	2	4	8

❽

	1	8	4
+	2	3	6

❾

	6	5	4
+	2	6	9

❿

	2	6	9
+	3	5	7

⓫

	1	5	4
+	2	7	6

⓬

	2	9	5
+	1	3	7

⓭

	2	5	7
+	1	8	5

⑭

	3	0	5
+	7	6	5

⑮

	9	2	3
+	2	8	4

⑯

	7	6	5
+	5	8	2

⑰

	7	3	1
+	5	9	5

⑱

	4	6	2
+	7	5	5

⑲

	6	4	6
+	8	9	2

⑳

	7	2	6
+	7	1	5

㉑

	9	5	0
+	4	8	4

㉒

	6	5	2
+	4	1	8

㉓

	4	4	4
+	8	7	2

㉔

	4	9	8
+	6	3	1

㉕

	3	7	3
+	7	6	4

㉖

	1	7	7
+	9	6	2

㉗

	5	7	0
+	8	4	0

㉘

	9	2	1
+	4	9	5

공부 끝!

맞힌 개수

/28개

부모님 확인

오늘의 숫자 **92**에 색칠하세요.

Day 20

세로셈으로 쓰면 자리에 맞춰 계산하기 편리해.

428 + 393 = 821

	①	①	
	4	2	8
+	3	9	3
	8	2	1

받아올림이 많아졌으니 주의해야 해.

❶ 248 + 385 =

	1	1	
	2	4	8
+	3	8	5

❷ 793 + 128 =

❸ 536 + 187 =

❹ 476 + 256 =

❺ 196 + 258 =

❻ 289 + 467 =

❼ 574 + 287 =

❽ 738 + 183 =

❾ 437 + 294 =

❿ 265 + 387 =

⑪ 223 + 178 =

⑫ 195 + 616 =

⑬ 243 + 358 =

⑭ 363 + 718 =

⑮ 850 + 155 =

⑯ 221 + 939 =

⑰ 255 + 752 =

⑱ 663 + 373 =

공부 끝!

맞힌 개수

/18개

부모님 확인

오늘의 숫자 **20**에 색칠하세요.

Day 21

같은 자리 수끼리 더하고
10이 되면 윗자리로
1을 올려.

❶
$$\begin{array}{r} \scriptstyle 1\ 1\ \ \\ 1\,2\,4 \\ +\,3\,9\,7 \\ \hline \end{array}$$

❷
$$\begin{array}{r} 5\,5\,6 \\ +\,8\,7\,2 \\ \hline \end{array}$$

❸
$$\begin{array}{r} 7\,9\,1 \\ +\,2\,4\,2 \\ \hline \end{array}$$

❹
$$\begin{array}{r} 8\,4\,2 \\ +\,3\,6\,1 \\ \hline \end{array}$$

❺
$$\begin{array}{r} 3\,3\,7 \\ +\,9\,8\,1 \\ \hline \end{array}$$

❻
$$\begin{array}{r} 5\,0\,5 \\ +\,8\,2\,7 \\ \hline \end{array}$$

❼
$$\begin{array}{r} 5\,9\,6 \\ +\,4\,3\,0 \\ \hline \end{array}$$

❽
$$\begin{array}{r} 4\,6\,4 \\ +\,7\,5\,1 \\ \hline \end{array}$$

❾
$$\begin{array}{r} 6\,8\,2 \\ +\,2\,1\,9 \\ \hline \end{array}$$

❿
$$\begin{array}{r} 2\,5\,4 \\ +\,3\,7\,8 \\ \hline \end{array}$$

⓫
$$\begin{array}{r} 5\,7\,3 \\ +\,5\,8\,0 \\ \hline \end{array}$$

⓬
$$\begin{array}{r} 4\,8\,3 \\ +\,8\,0\,7 \\ \hline \end{array}$$

⓭
$$\begin{array}{r} 7\,5\,4 \\ +\,1\,4\,7 \\ \hline \end{array}$$

⓮
$$\begin{array}{r} 2\,4\,2 \\ +\,8\,3\,9 \\ \hline \end{array}$$

⓯
$$\begin{array}{r} 2\,3\,6 \\ +\,8\,4\,7 \\ \hline \end{array}$$

⑯ $\overset{1}{7}92 + 690$

⑰ 198 + 189

⑱ 508 + 725

⑲ 121 + 893

⑳ 680 + 372

㉑ 955 + 270

㉒ 471 + 556

㉓ 249 + 597

㉔ 145 + 376

㉕ 759 + 426

㉖ 695 + 482

㉗ 632 + 529

㉘ 451 + 758

㉙ 144 + 257

㉚ 152 + 668

㉛ 368 + 534

㉜ 780 + 543

㉝ 483 + 338

㉞ 898 + 130

공부 끝!

맞힌 개수 /34개

부모님 확인

오늘의 숫자 **76**에 색칠하세요.

월 일 /12 분

Day 22

왜 같은 자리 수끼리 더하는지 생각하며 계산해 보자.

❶
$$\begin{array}{r} \scriptstyle 1\ \ 1\ \ \ \\ 538 \\ +\ 283 \\ \hline \end{array}$$

❷
$$\begin{array}{r} 816 \\ +\ 324 \\ \hline \end{array}$$

❸
$$\begin{array}{r} 348 \\ +\ 573 \\ \hline \end{array}$$

❹
$$\begin{array}{r} 576 \\ +\ 129 \\ \hline \end{array}$$

❺
$$\begin{array}{r} 290 \\ +\ 919 \\ \hline \end{array}$$

❻
$$\begin{array}{r} 159 \\ +\ 482 \\ \hline \end{array}$$

❼
$$\begin{array}{r} 270 \\ +\ 743 \\ \hline \end{array}$$

❽
$$\begin{array}{r} 938 \\ +\ 307 \\ \hline \end{array}$$

❾
$$\begin{array}{r} 252 \\ +\ 773 \\ \hline \end{array}$$

❿
$$\begin{array}{r} 435 \\ +\ 746 \\ \hline \end{array}$$

⓫
$$\begin{array}{r} 334 \\ +\ 894 \\ \hline \end{array}$$

⓬
$$\begin{array}{r} 298 \\ +\ 523 \\ \hline \end{array}$$

⓭
$$\begin{array}{r} 854 \\ +\ 217 \\ \hline \end{array}$$

⓮
$$\begin{array}{r} 773 \\ +\ 655 \\ \hline \end{array}$$

⓯
$$\begin{array}{r} 749 \\ +\ 173 \\ \hline \end{array}$$

⑯ $\overset{1}{4}57 + 824$

⑰ $164 + 759$

⑱ $315 + 847$

⑲ $383 + 632$

⑳ $440 + 870$

㉑ $333 + 927$

㉒ $642 + 289$

㉓ $296 + 518$

㉔ $231 + 269$

㉕ $851 + 374$

㉖ $448 + 723$

㉗ $525 + 680$

㉘ $493 + 761$

㉙ $198 + 404$

㉚ $119 + 394$

㉛ $116 + 286$

㉜ $625 + 556$

㉝ $717 + 691$

㉞ $382 + 645$

공부 끝!

맞힌 개수

/34개

부모님 확인

오늘의 숫자 **83**에 색칠하세요.

연산 놀이터

길을 따라가며 수를 순서대로 더해 가운데에 써넣어 봐.

부모님 확인

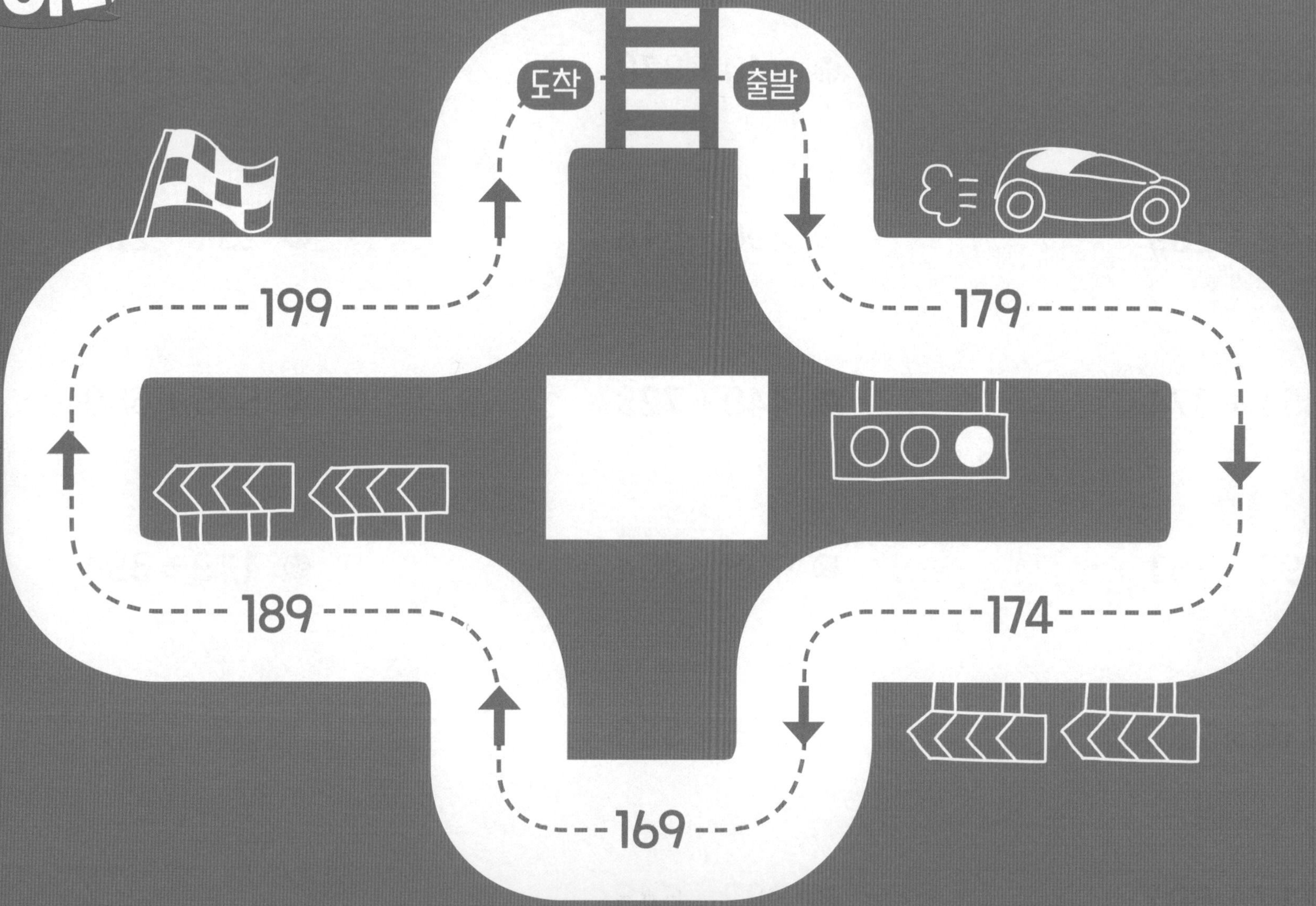

05

받아올림이 세 번 있는 (세 자리 수)+(세 자리 수)

이번에는 무엇을 배울까?

받아올림이 두 번 있는 (세 자리 수)+(세 자리 수)

받아올림이 세 번 있는 (세 자리 수)+(세 자리 수)

받아내림이 없는 (세 자리 수)-(세 자리 수)

이렇게 지도해요!

❶ 먼저 설명해 주세요.

각 자리를 줄로 나타내고 구슬로 값을 나타내었습니다. 한 자리에 10개의 구슬이 모이면 윗자리의 구슬 하나가 되는 그림을 아이와 함께 짚어 보면서 받아올림의 원리를 이해합니다.

❷ 수를 이해하며 계산해요.

설명과 이어지는 그림을 떠올리며 Day23에서 각 자리 수끼리 더해 보고 받아올림이 세 번 있는 덧셈을 풀어 봅니다.

❸ 충분히 연습해요.

Day24~Day27의 문제로 받아올림이 세 번 있는 덧셈을 충분히 익히고, Day28을 통해 어림과 정확한 계산 모두를 경험해 봅니다.

스스로 계획을 세워요!

	공부할 날짜	목표 시간	복습할 날짜
Day 23 (46)	월 / 일	분 / 10개	월 / 일
Day 24 (46)	월 / 일	분 / 28개	월 / 일
Day 25 (46)	월 / 일	분 / 18개	월 / 일
Day 26 (46)	월 / 일	분 / 34개	월 / 일
Day 27 (46)	월 / 일	분 / 34개	월 / 일
Day 28 (46)	월 / 일	분 / 12개	월 / 일

선생님의 칠판

어느 자리든 10개가 모이면 윗자리로 1개를 올림해.

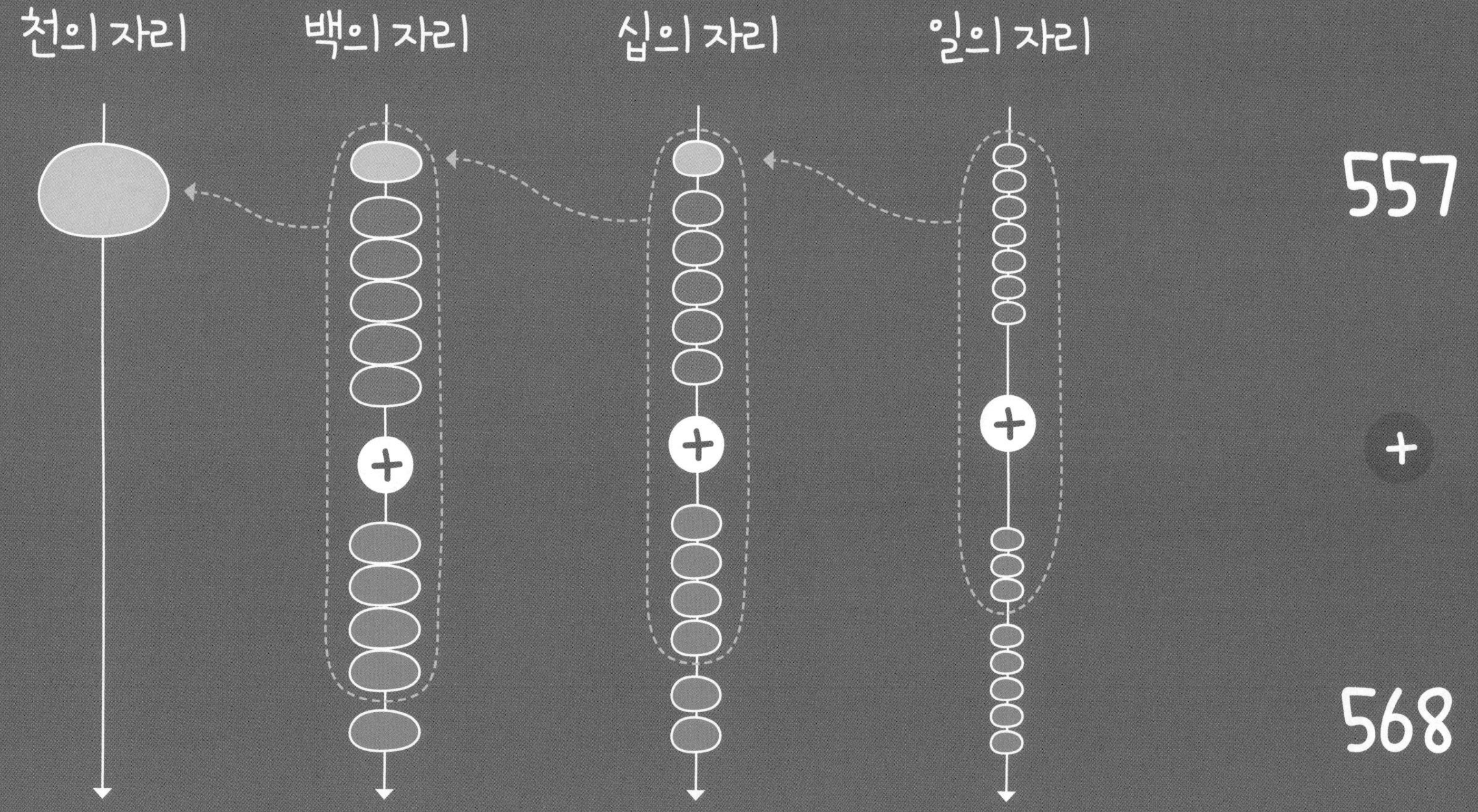

1000 + 100 + 20 + 5 = 1125

Day 23

받아올림을 생각하며 같은 자리 수가 나타내는 값끼리 더해 보자.

받아올림이 여러 번 있어도 각 자리의 계산 방법은 모두 같아!

❶ 800 + 300 =
80 + 40 =
6 + 7 =

886 + 347 =

❷ + =
+ =
+ =

266 + 965 =

일, 십, 백의 자리 수를 따로 계산해서 더해.

❸ + =
+ =
+ =

975 + 348 =

❹ + =
+ =
+ =

679 + 451 =

❺ + =
+ =
+ =

579 + 661 =

❻
400 + 500 =
90 + 40 =
4 + 8 =

494 + 548 =

❼
\+ =
\+ =
\+ =

496 + 527 =

❽
\+ =
\+ =
\+ =

866 + 147 =

❾
\+ =
\+ =
\+ =

287 + 759 =

❿
\+ =
\+ =
\+ =

389 + 673 =

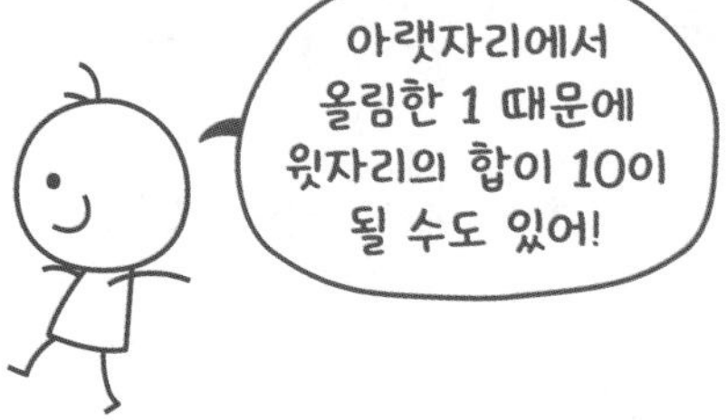

공부 끝!

맞힌 개수

/10개

부모님 확인

오늘의 숫자 **94**에 색칠하세요.

Day 24

각 자리 수끼리 더하고 받아올림을 생각하며 자리에 맞춰 써 보자.

두 번
받아올림이 한 번
세 번

	1	1	
	9	7	3
+	5	4	9
1	5	2	2

❶

	1	1	
	7	3	8
+	4	7	3
		1	1

❷

	6	2	9
+	5	8	4

❸

	8	5	5
+	4	4	6

❹

	3	7	8
+	6	5	6

❺

	7	8	1
+	6	8	9

❻

	5	9	6
+	7	3	7

❼

	5	8	7
+	7	3	5

❽

	4	1	2
+	5	9	9

❾

	6	2	4
+	5	9	7

❿

	4	3	8
+	7	9	3

⓫

	6	5	2
+	4	8	9

⓬

	8	4	7
+	9	8	6

⓭

	5	6	9
+	8	6	6

⑭
	7	4	7
+	7	5	6

⑮
	4	9	7
+	8	0	3

⑯
	7	1	9
+	3	9	9

⑰
	5	8	6
+	8	7	9

⑱
	8	6	3
+	2	9	7

⑲
	9	9	9
+	9	9	9

⑳
	5	1	6
+	4	8	8

㉑
	1	7	5
+	9	6	7

㉒
	6	8	6
+	3	3	4

㉓
	2	6	7
+	8	4	4

㉔
	9	1	9
+	8	8	8

㉕
	4	8	9
+	7	7	1

㉖
	2	9	8
+	7	4	6

㉗
	8	6	5
+	4	9	7

㉘
	3	4	7
+	9	5	9

공부 끝!

맞힌 개수

/28개

부모님 확인

오늘의 숫자 **47**에 색칠하세요.

Day 25

가로셈은
세로셈으로 바꾸어
계산하면 편리해.

746 + 586 = 1332

	1	1	
	7	4	6
+	5	8	6
1	3	3	2

❶ 649 + 573 =

	1	1	
	6	4	9
+	5	7	3

❷ 975 + 338 =

❸ 822 + 288 =

❹ 495 + 726 =

❺ 369 + 631 =

❻ 788 + 894 =

❼ 666 + 777 =

❽ 123 + 997 =

❾ 452 + 879 =

❿ 595 + 428 =

⓫ 933 + 479 =

⓬ 257 + 956 =

⓭ 784 + 578 =

⓮ 359 + 842 =

⓯ 482 + 639 =

⓰ 758 + 876 =

⓱ 654 + 869 =

⓲ 255 + 787 =

공부 끝!

맞힌 개수 /18개

부모님 확인

오늘의 숫자 **77**에 색칠하세요.

Day 26

아랫자리에서 10이면
윗자리에서는 1이 돼!

❶
$$\begin{array}{r} {\scriptstyle 1\ \ 1\ \ \ } \\ 815 \\ +\,197 \\ \hline \end{array}$$

❷
$$\begin{array}{r} 944 \\ +\,257 \\ \hline \end{array}$$

❸
$$\begin{array}{r} 606 \\ +\,695 \\ \hline \end{array}$$

❹
$$\begin{array}{r} 276 \\ +\,758 \\ \hline \end{array}$$

❺
$$\begin{array}{r} 509 \\ +\,693 \\ \hline \end{array}$$

❻
$$\begin{array}{r} 971 \\ +\,149 \\ \hline \end{array}$$

❼
$$\begin{array}{r} 219 \\ +\,783 \\ \hline \end{array}$$

❽
$$\begin{array}{r} 265 \\ +\,876 \\ \hline \end{array}$$

❾
$$\begin{array}{r} 665 \\ +\,479 \\ \hline \end{array}$$

❿
$$\begin{array}{r} 869 \\ +\,235 \\ \hline \end{array}$$

⓫
$$\begin{array}{r} 703 \\ +\,398 \\ \hline \end{array}$$

⓬
$$\begin{array}{r} 483 \\ +\,519 \\ \hline \end{array}$$

⓭
$$\begin{array}{r} 516 \\ +\,794 \\ \hline \end{array}$$

⓮
$$\begin{array}{r} 288 \\ +\,993 \\ \hline \end{array}$$

⓯
$$\begin{array}{r} 697 \\ +\,307 \\ \hline \end{array}$$

⑯ $\overset{1\ 1}{645} + 677$

⑰ $272 + 868$

⑱ $457 + 574$

⑲ $327 + 894$

⑳ $658 + 562$

㉑ $636 + 486$

㉒ $806 + 597$

㉓ $194 + 827$

㉔ $981 + 349$

㉕ $287 + 944$

㉖ $763 + 549$

㉗ $495 + 536$

㉘ $558 + 496$

㉙ $527 + 694$

㉚ $394 + 838$

㉛ $366 + 784$

㉜ $719 + 484$

㉝ $563 + 647$

㉞ $778 + 472$

공부 끝!

맞힌 개수 /34개

부모님 확인

오늘의 숫자 **82**에 색칠하세요.

월 일 /12 분

Day 27

받아올림한 수를
빠트리지 않게
주의해서 더해 보자.

❶
$$\begin{array}{r} {}^{1}\,{}^{1} \\ 563 \\ +\,689 \\ \hline \end{array}$$

❷
$$\begin{array}{r} 487 \\ +\,574 \\ \hline \end{array}$$

❸
$$\begin{array}{r} 946 \\ +\,266 \\ \hline \end{array}$$

❹
$$\begin{array}{r} 129 \\ +\,875 \\ \hline \end{array}$$

❺
$$\begin{array}{r} 621 \\ +\,499 \\ \hline \end{array}$$

❻
$$\begin{array}{r} 697 \\ +\,386 \\ \hline \end{array}$$

❼
$$\begin{array}{r} 523 \\ +\,597 \\ \hline \end{array}$$

❽
$$\begin{array}{r} 906 \\ +\,296 \\ \hline \end{array}$$

❾
$$\begin{array}{r} 763 \\ +\,848 \\ \hline \end{array}$$

❿
$$\begin{array}{r} 382 \\ +\,759 \\ \hline \end{array}$$

⓫
$$\begin{array}{r} 498 \\ +\,846 \\ \hline \end{array}$$

⓬
$$\begin{array}{r} 428 \\ +\,594 \\ \hline \end{array}$$

⓭
$$\begin{array}{r} 303 \\ +\,698 \\ \hline \end{array}$$

⓮
$$\begin{array}{r} 497 \\ +\,734 \\ \hline \end{array}$$

⓯
$$\begin{array}{r} 152 \\ +\,958 \\ \hline \end{array}$$

⑯ $\overset{1\,1}{8\,7}9 + 158$

⑰ 678 + 437

⑱ 823 + 199

⑲ 581 + 529

⑳ 168 + 957

㉑ 868 + 277

㉒ 307 + 896

㉓ 683 + 548

㉔ 436 + 595

㉕ 772 + 329

㉖ 915 + 187

㉗ 759 + 374

㉘ 408 + 699

㉙ 356 + 796

㉚ 983 + 247

㉛ 269 + 738

㉜ 905 + 196

㉝ 529 + 673

㉞ 467 + 835

공부 끝!

맞힌 개수 /34개

부모님 확인

오늘의 숫자 **11**에 색칠하세요.

Day 28

어느 쪽으로 저울이 기울어질까? ○표 해 보자.

882 149 | 789 243

1031 | 1032

더 무거운 쪽으로 기울어져!

당연히 합이 큰 쪽이 더 무겁겠지?

❶ 577 453 | 643 398

더해서 써 보고 / 합을 비교해 봐.

❷ 753 449 | 886 325

❸ 556 468 | 625 376

❹ 567 436 | 652 348

❺ 854 466 | 689 578

❻ 829 283 | 628 373

❼ 984 488 | 869 598

☐ ☐

❽ 635 375 | 725 295

☐ ☐

❾ 785 466 | 855 496

☐ ☐

❿ 999 568 | 888 664

☐ ☐

⓫ 785 266 | 512 498

☐ ☐

⓬ 593 429 | 634 387

☐ ☐

공부 끝!

맞힌 개수 /12개

부모님 확인

오늘의 숫자 **95**에 색칠하세요.

연산 놀이터

펭귄이 집으로 갈 수 있도록 바르게 계산한 곳을 찾아 길을 만들어 줘.

부모님 확인

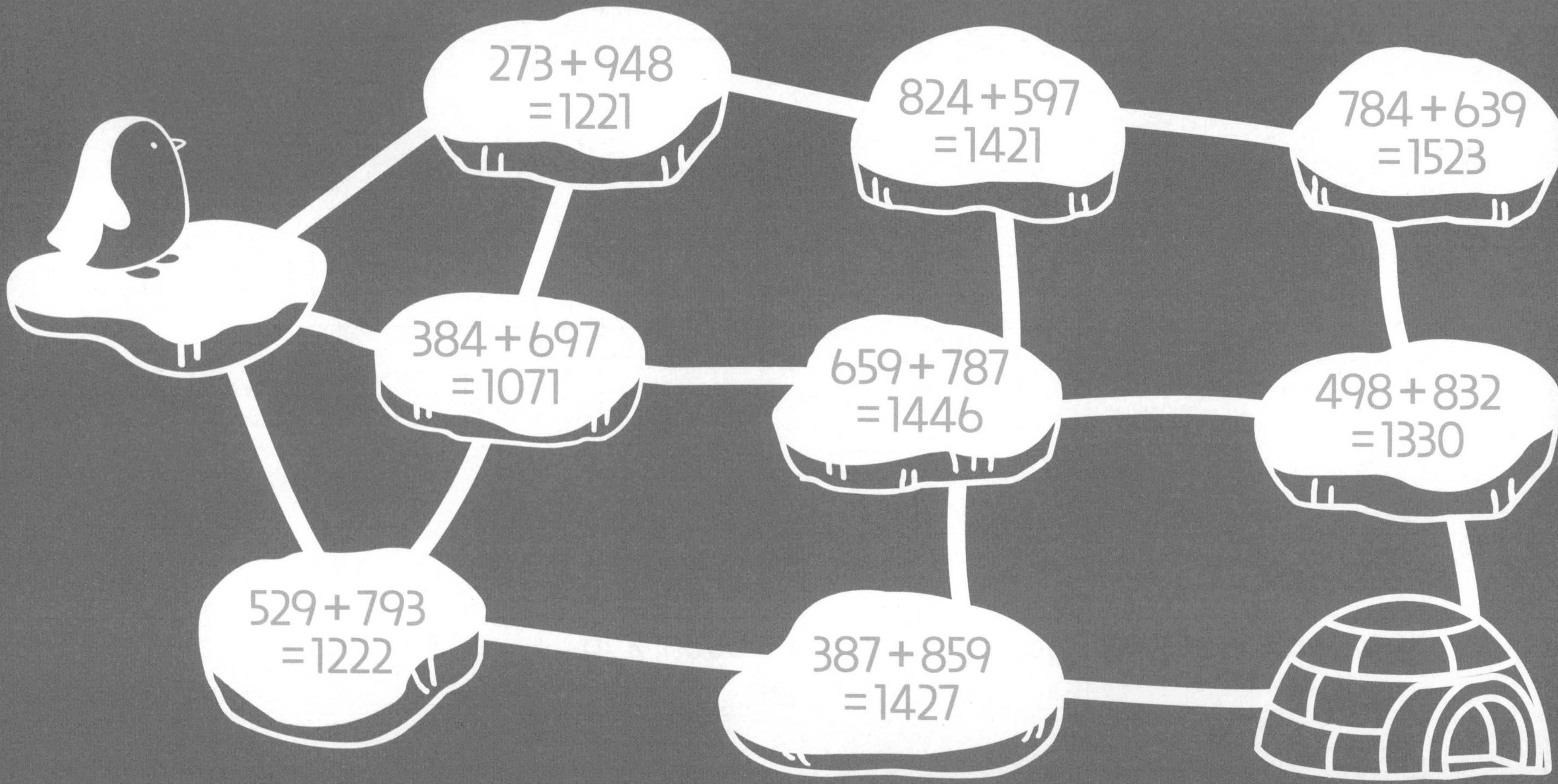

06

받아내림이 없는 (세 자리 수)-(세 자리 수)

이번에는 무엇을 배울까?

받아올림이 세 번 있는 (세 자리 수)+(세 자리 수)

받아내림이 없는 (세 자리 수)-(세 자리 수)

받아내림이 한 번 있는 (세 자리 수)-(세 자리 수)

이렇게 지도해요!

❶ 먼저 설명해 주세요.

각 자리를 줄로 나타내고 구슬로 값을 나타내었습니다.
빼는 수에 맞게 구슬을 지우고 아이와 함께
각 자리의 남은 구슬 수를 세어 보면서 '같은 자리끼리
계산한다.'는 원리를 이해합니다.

❷ 수를 이해하며 계산해요.

설명과 이어지는 그림을 이용하여
Day29와 Day30에서 재미있게 문제를 풉니다.

❸ 충분히 연습해요.

Day31~Day34의 문제 풀이를 통해 십진법에
따른 수를 이해하고, 이를 바탕으로 뺄셈 방법을
익힙니다.

스스로 계획을 세워요!

	공부할 날짜	목표 시간	복습할 날짜
Day 29 /46	월 / 일	분 / 10개	월 / 일
Day 30 /46	월 / 일	분 / 10개	월 / 일
Day 31 /46	월 / 일	분 / 28개	월 / 일
Day 32 /46	월 / 일	분 / 36개	월 / 일
Day 33 /46	월 / 일	분 / 33개	월 / 일
Day 34 /46	월 / 일	분 / 34개	월 / 일

선생님의 칠판

각 자리 줄의 구슬을 빼는 수만큼 ╱로 지워 계산해 봐.

백의 자리 　 십의 자리 　 일의 자리

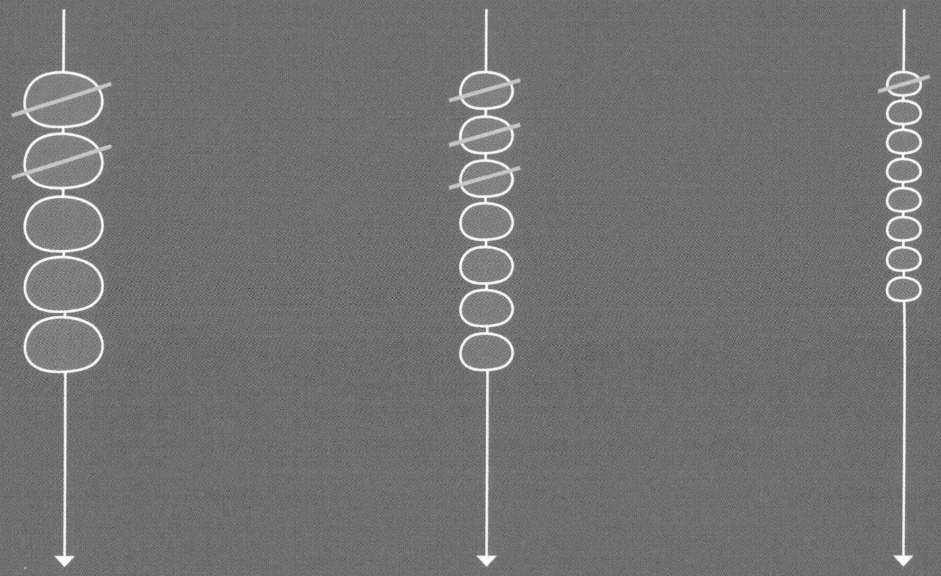

578 − 231

| 300 | + | 40 | + | 7 | = | 347 |

Day 29

각 자리에 ⬭를 그리고 빼는 수만큼 지워 보자.

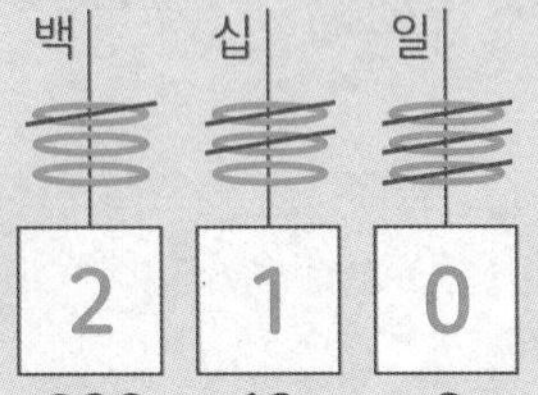

200 10 0

남아 있는 ⬭를 세어서 계산해 봐.

❶ 백 십 일

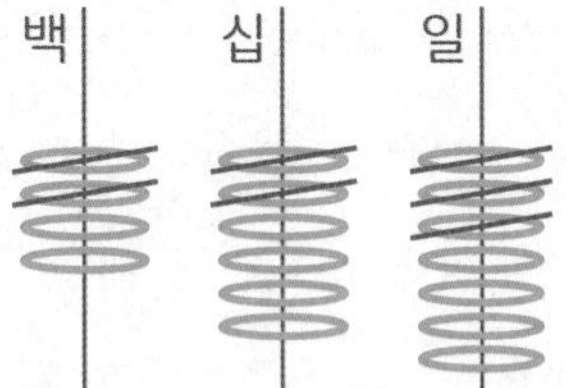

467 − 223

백	십	일	
2	4	4	

❷ 백 십 일

853 − 451

백	십	일	

❸ 백 십 일

314 − 100

백	십	일	

❹ 백 십 일

693 − 502

백	십	일	

❺ 백 십 일

632 − 611

백	십	일	

6 백 십 일

557 − 446

7 백 십 일

756 − 113

8 백 십 일

827 − 203

9 백 십 일

564 − 462

10 백 십 일

957 − 957

공부 끝!

맞힌 개수 /10개

부모님 확인

오늘의 숫자 **40**에 색칠하세요.

Day 30

일, 십, 백의 자리 수가 나타내는 값끼리 빼 보자.

❶ 400 - 100 =
70 - 50 =
4 - 4 =

덧셈처럼 일, 십, 백의 자리로 갈라서 계산해.

474 - 154 =

❷ 600 - 500 =
40 - 20 =
2 - 1 =

\- =

❸ 600 - 100 =
80 - 50 =
9 - 5 =

\- =

❹ 800 - 300 =
60 - 30 =
7 - 2 =

\- =

❺ 700 - 300 =
40 - 40 =
4 - 3 =

\- =

❻ 500 - 400 = 100
40 - =
1 - =

541 - 421 =

직접 수를 갈라서 계산해 봐.

❼ - =
- =
- =

773 - 412 =

❽ - =
- =
- =

837 - 235 =

❾ - =
- =
- =

587 - 264 =

❿ - =
- =
- =

496 - 384 =

공부 끝!

맞힌 개수 /10개

부모님 확인

오늘의 숫자 61에 색칠하세요.

Day 31

같은 자리 수끼리 빼서 자리에 맞춰 써 보자.

	6	5	0
-	3	4	0
	3	1	0

같은 자리 수인지 확인해서 빼고, 자리에 맞춰 써야 해.

❶

	4	0	0
-	1	0	0

❷

	5	7	0
-	3	3	0

❸

	8	5	0
-	6	0	0

❹

	5	1	0
-	1	0	0

❺

	6	5	0
-	5	3	0

❻

	8	2	5
-	5	2	0

❼

	2	4	8
-	2	0	8

❽

	7	3	1
-	6	3	0

❾

	7	7	5
-	4	0	2

❿

	9	1	0
-	7	0	0

⓫

	6	5	2
-	4	2	0

⓬

	4	0	9
-	2	0	4

⓭

	1	0	8
-	1	0	7

⑭

	7	8	3
-	4	2	2

⑮

	7	5	8
-	2	4	6

⑯

	3	9	6
-	1	2	4

⑰

	8	8	1
-	2	7	1

⑱

	9	5	3
-	7	1	2

⑲

	6	9	4
-	6	7	2

⑳

	4	3	8
-	3	1	1

㉑

	4	4	7
-	2	3	5

㉒

	7	7	9
-	3	7	2

㉓

	2	9	9
-	1	4	7

㉔

	7	8	4
-	5	3	4

㉕

	6	5	4
-	1	5	2

㉖

	1	6	2
-	1	2	1

㉗

	7	6	6
-	2	1	4

㉘

	9	8	7
-	4	5	6

공부 끝!

맞힌 개수

/28개

부모님 확인

오늘의 숫자 **81**에 색칠하세요.

월 일 /12 분

Day 32

가로셈도 각 자리 수끼리 빼면 돼.

같은 자리인지 확인하고 빼자.

847 - 325 = 522

800-300 / 40-20 / 7-5

❶ 500 - 300

❷ 470 - 170

❸ 950 - 600

❹ 830 - 720

❺ 448 - 128

❻ 732 - 130

❼ 849 - 449

❽ 360 - 250

❾ 835 - 405

❿ 667 - 447

⓫ 880 - 280

⓬ 195 - 125

⓭ 430 - 330

⓮ 728 - 427

⓯ 809 - 604

⓰ 208 - 105

⓱ 690 - 600

⑱ 275 - 125

⑲ 824 - 714

⑳ 684 - 423

㉑ 765 - 522

㉒ 869 - 635

㉓ 841 - 521

㉔ 699 - 476

㉕ 386 - 225

㉖ 741 - 320

㉗ 965 - 814

㉘ 668 - 424

㉙ 565 - 143

㉚ 676 - 542

㉛ 894 - 373

㉜ 597 - 171

㉝ 948 - 733

㉞ 489 - 177

㉟ 767 - 455

㊱ 663 - 521

공부 끝!

맞힌 개수

/36개

부모님 확인

오늘의 숫자 **32**에 색칠하세요.

Day 33

**같은 숫자라도
자리에 따라 값이 달라.**

$$\begin{array}{r} 999 \\ -\ 777 \\ \hline 222 \end{array}$$

(200) (20) (2)

❶ $\begin{array}{r} 594 \\ -\ 273 \\ \hline \end{array}$

❷ $\begin{array}{r} 418 \\ -\ 314 \\ \hline \end{array}$

❸ $\begin{array}{r} 430 \\ -\ 120 \\ \hline \end{array}$

❹ $\begin{array}{r} 247 \\ -\ 125 \\ \hline \end{array}$

❺ $\begin{array}{r} 854 \\ -\ 230 \\ \hline \end{array}$

❻ $\begin{array}{r} 487 \\ -\ 176 \\ \hline \end{array}$

❼ $\begin{array}{r} 267 \\ -\ 114 \\ \hline \end{array}$

❽ $\begin{array}{r} 670 \\ -\ 230 \\ \hline \end{array}$

❾ $\begin{array}{r} 788 \\ -\ 376 \\ \hline \end{array}$

❿ $\begin{array}{r} 577 \\ -\ 227 \\ \hline \end{array}$

⓫ $\begin{array}{r} 857 \\ -\ 204 \\ \hline \end{array}$

⓬ $\begin{array}{r} 795 \\ -\ 452 \\ \hline \end{array}$

⓭ $\begin{array}{r} 847 \\ -\ 413 \\ \hline \end{array}$

⓮ $\begin{array}{r} 957 \\ -\ 831 \\ \hline \end{array}$

⑮ 986 - 573

⑯ 950 - 730

⑰ 964 - 752

⑱ 583 - 332

⑲ 577 - 367

⑳ 478 - 244

㉑ 424 - 123

㉒ 905 - 403

㉓ 596 - 526

㉔ 789 - 632

㉕ 190 - 170

㉖ 955 - 734

㉗ 680 - 450

㉘ 397 - 356

㉙ 472 - 221

㉚ 770 - 570

㉛ 647 - 516

㉜ 890 - 670

㉝ 657 - 134

공부 끝!

맞힌 개수 /33개

부모님 확인

오늘의 숫자 **86**에 색칠하세요.

Day 34

왜 같은 자리 수끼리 빼는지 생각하며 계산해 보자.

❶ $982 - 772$

❷ $956 - 416$

❸ $256 - 240$

❹ $960 - 450$

❺ $677 - 453$

❻ $610 - 410$

❼ $984 - 444$

❽ $870 - 720$

❾ $472 - 451$

❿ $687 - 211$

⓫ $796 - 251$

⓬ $898 - 483$

⓭ $428 - 307$

⓮ $695 - 542$

⓯ $888 - 255$

⑯ 474 - 223

⑰ 650 - 320

⑱ 675 - 240

⑲ 976 - 544

⑳ 893 - 472

㉑ 976 - 425

㉒ 752 - 241

㉓ 404 - 103

㉔ 498 - 365

㉕ 880 - 400

㉖ 531 - 201

㉗ 786 - 354

㉘ 870 - 230

㉙ 687 - 572

㉚ 948 - 722

㉛ 793 - 672

㉜ 575 - 441

㉝ 615 - 204

㉞ 855 - 624

공부 끝!

맞힌 개수

/34개

부모님 확인

오늘의 숫자 **50**에 색칠하세요.

연산 놀이터

부모님 확인

답이 나오는 수에 따른 방향으로 이동하려고 해. 도착하는 곳은 어디일까?

0 ~ 250 : →　　251 ~ 450 : ←

451 ~ 600 : ↑　　601 ~ 850 : ↓

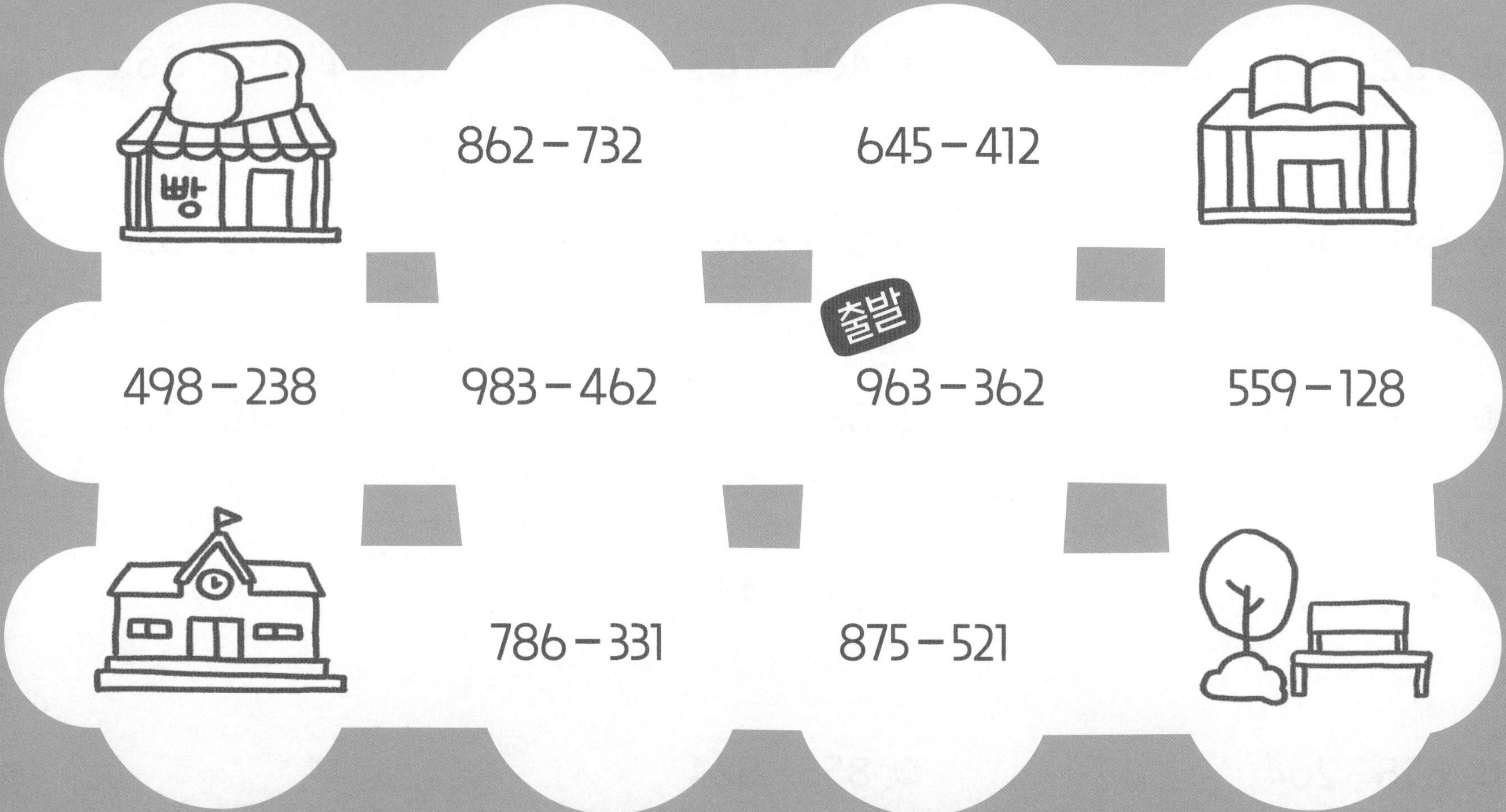

07

받아내림이 한 번 있는 (세 자리 수)-(세 자리 수)

이번에는 무엇을 배울까?

받아내림이 없는 (세 자리 수)-(세 자리 수)

받아내림이 한 번 있는 (세 자리 수)-(세 자리 수)

받아내림이 두 번 있는 (세 자리 수)-(세 자리 수)

이렇게 지도해요!

❶ 먼저 설명해 주세요.

각 자리를 줄로 나타내고 구슬로 값을 나타내었습니다. 윗자리의 구슬 하나가 아랫자리의 구슬 10개가 되는 그림으로 받아내림의 원리를 이해하고 백의 자리와 십의 자리에서 받아내림 하는 방법이 모두 같음을 이해합니다.

❷ 수를 이해하며 계산해요.

설명과 이어지는 그림을 이용하여 Day35에서 재미있게 문제를 풉니다.

❸ 충분히 연습해요.

Day36~Day40의 문제 풀이를 통해 십진법에 따른 수를 이해하고, 받아내림이 한 번 있는 뺄셈 방법을 익힙니다.

스스로 계획을 세워요!

	공부할 날짜	목표 시간	복습할 날짜
Day 35/46	월/일	분/10개	월/일
Day 36/46	월/일	분/28개	월/일
Day 37/46	월/일	분/18개	월/일
Day 38/46	월/일	분/34개	월/일
Day 39/46	월/일	분/34개	월/일
Day 40/46	월/일	분/15개	월/일

선생님의 칠판

백, 십, 일의 자리 줄에 구슬을 넣고 뺄셈을 해 보자.

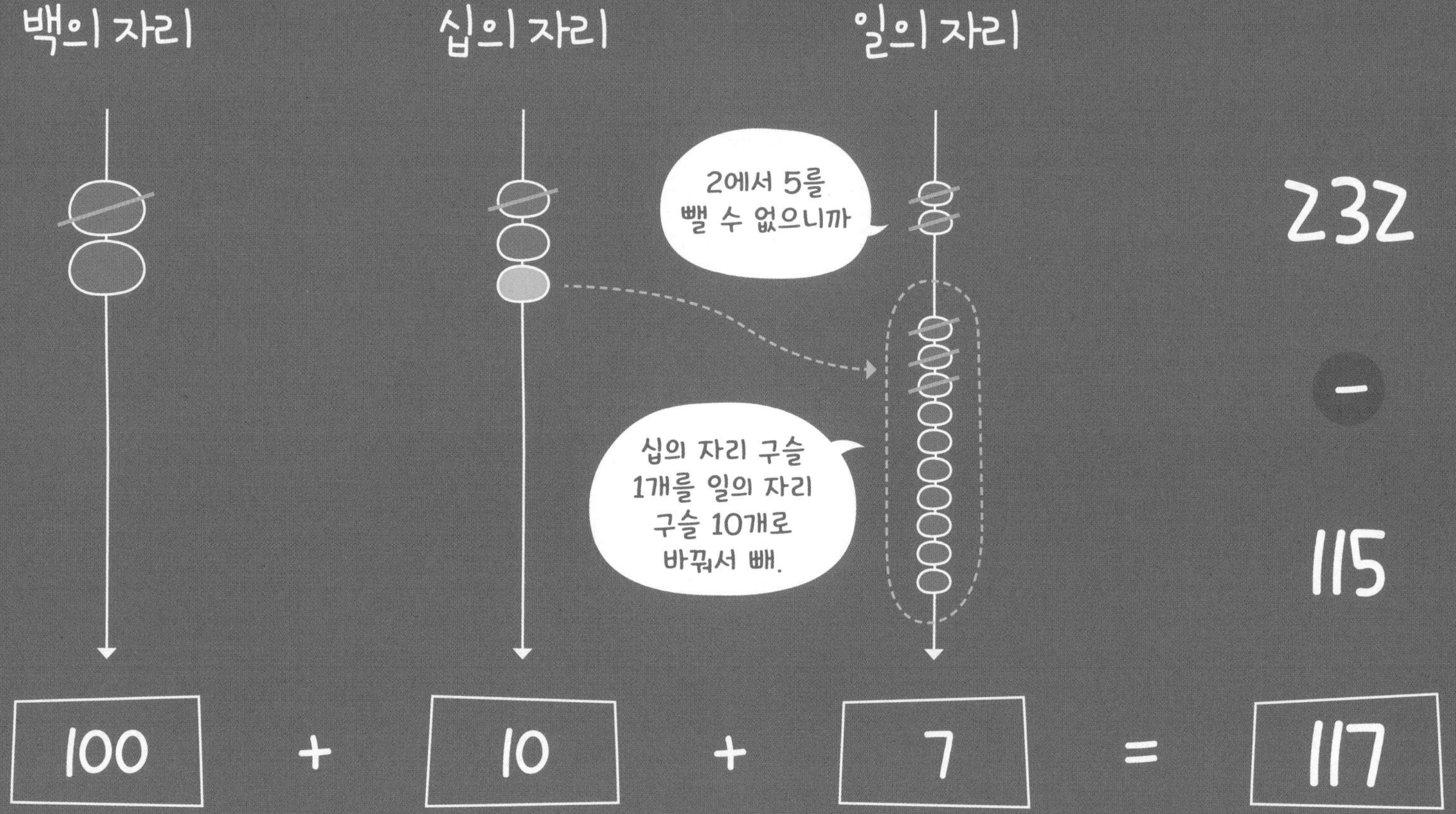

Day 35

윗자리 1개를 아랫자리 10개로 바꾸어 빼는 수만큼 지워 보자.

❶ 백 십 일

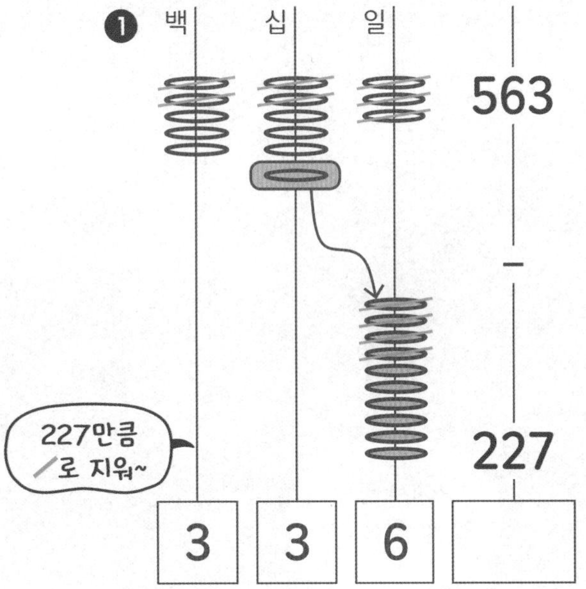

❷ 백 십 일

854만큼 각 자리에 ⬭를 그리고 지워 봐.

854 − 216

□ □ □ □

❸ 백 십 일

515 − 333

□ □ □ □

❹ 백 십 일

732 − 108

□ □ □ □

❺ 백 십 일

428 − 153

□ □ □ □

❻ 백 십 일

543 − 253

❼ 백 십 일

473 − 428

❽ 백 십 일

555 − 363

❾ 백 십 일

363 − 119

❿ 백 십 일

827 − 247

공부 끝!

맞힌 개수

/10개

부모님 확인

오늘의 숫자 **75**에 색칠하세요.

월 일 /9 분

Day 36

윗자리의 1을 아랫자리의 10으로 받아내려 빼 보자.

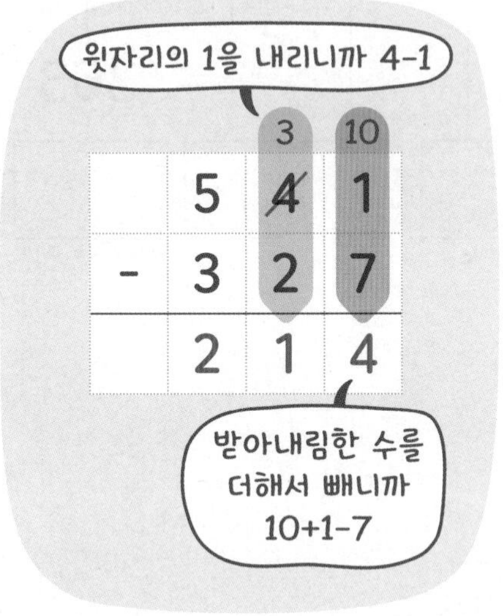

❶

		8	10
	7	~~9~~	5
-	4	3	8

❷

	6	7	4
-	2	5	7

❸

	4	6	3
-	3	2	4

❹

	6	8	2
-	1	3	5

❺

	8	5	3
-	6	2	4

❻

	5	2	3
-	2	1	4

❼

	5	7	3
-	4	2	7

❽

	5	5	4
-	1	2	8

❾

	8	3	7
-	8	2	8

❿

	3	3	6
-	2	1	7

⓫

	6	7	3
-	5	5	9

⓬

	3	4	4
-	1	3	5

⓭

	9	2	4
-	3	0	7

⑭

	9	7	6
-	4	8	3

⑮

	6	8	7
-	2	9	5

⑯

	3	4	2
-	1	5	1

⑰

	4	2	8
-	3	5	4

⑱

	9	1	6
-	2	5	2

⑲

	9	2	4
-	5	5	2

⑳

	7	2	8
-	6	9	6

㉑

	3	2	5
-	1	4	2

㉒

	4	2	7
-	1	5	7

㉓

	6	3	8
-	3	8	4

㉔

	5	2	7
-	1	9	4

㉕

	8	4	5
-	6	7	3

㉖

	2	5	8
-	1	8	7

㉗

	6	8	7
-	4	9	2

㉘

	8	5	9
-	2	7	4

공부 끝!

맞힌 개수 /28개

부모님 확인

오늘의 숫자 21에 색칠하세요.

Day 37

받아내림이 있는 뺄셈은 세로셈으로 바꿔서 풀면 쉬워.

930 - 413

❶ 자리에 맞춰 세로셈으로 쓰고,

		2	10
	9	~~3~~	0
-	4	1	3
	5	1	7

❷ 받아내림해서 계산해.

❶ 450 - 228 =

		4	10
	4	~~5~~	0
-	2	2	8

❷ 360 - 149 =

❸ 570 - 432 =

❹ 294 - 166 =

❺ 970 - 828 =

❻ 163 - 137 =

❼ 640 - 216 =

❽ 854 - 607 =

❾ 780 - 564 =

❿ 574 - 568 =

⑪ 858 - 567 =

⑫ 404 - 231 =

⑬ 909 - 287 =

⑭ 308 - 194 =

⑮ 801 - 671 =

⑯ 713 - 580 =

⑰ 669 - 386 =

⑱ 501 - 451 =

공부 끝!

맞힌 개수

/18개

부모님 확인

오늘의 숫자 **87**에 색칠하세요.

월 일 /12 분

Day 38

같은 자리 수끼리 뺄 수 없을 때는 윗자리의 1을 10으로 받아내림하기!

❶
$$\begin{array}{r} \scriptsize{7\ 10} \\ \cancel{8}\,0\,4 \\ -\,4\,6\,2 \\ \hline \end{array}$$

❷
$$\begin{array}{r} 5\,2\,6 \\ -\,2\,1\,9 \\ \hline \end{array}$$

❸
$$\begin{array}{r} 4\,2\,4 \\ -\,2\,1\,7 \\ \hline \end{array}$$

❹
$$\begin{array}{r} 8\,0\,5 \\ -\,6\,4\,3 \\ \hline \end{array}$$

❺
$$\begin{array}{r} 5\,9\,7 \\ -\,3\,6\,8 \\ \hline \end{array}$$

❻
$$\begin{array}{r} 7\,5\,1 \\ -\,6\,2\,7 \\ \hline \end{array}$$

❼
$$\begin{array}{r} 9\,3\,9 \\ -\,8\,6\,1 \\ \hline \end{array}$$

❽
$$\begin{array}{r} 9\,5\,7 \\ -\,9\,4\,9 \\ \hline \end{array}$$

❾
$$\begin{array}{r} 4\,5\,0 \\ -\,2\,3\,9 \\ \hline \end{array}$$

❿
$$\begin{array}{r} 7\,1\,8 \\ -\,4\,4\,5 \\ \hline \end{array}$$

⓫
$$\begin{array}{r} 8\,1\,4 \\ -\,6\,0\,7 \\ \hline \end{array}$$

⓬
$$\begin{array}{r} 3\,2\,1 \\ -\,1\,8\,0 \\ \hline \end{array}$$

⓭
$$\begin{array}{r} 4\,2\,2 \\ -\,2\,7\,0 \\ \hline \end{array}$$

⓮
$$\begin{array}{r} 9\,0\,3 \\ -\,4\,1\,1 \\ \hline \end{array}$$

⓯
$$\begin{array}{r} 8\,2\,1 \\ -\,4\,5\,1 \\ \hline \end{array}$$

⑯ 493 - 375 (8 10)

⑰ 643 - 436

⑱ 285 - 192

⑲ 907 - 466

⑳ 620 - 330

㉑ 830 - 516

㉒ 515 - 151

㉓ 682 - 459

㉔ 703 - 451

㉕ 569 - 489

㉖ 343 - 128

㉗ 735 - 608

㉘ 883 - 765

㉙ 495 - 129

㉚ 430 - 121

㉛ 636 - 371

㉜ 935 - 292

㉝ 831 - 828

㉞ 359 - 276

공부 끝!

맞힌 개수 /34개

부모님 확인

오늘의 숫자 **48**에 색칠하세요.

월 일 /12 분

Day 39

받아내림에 주의하며
같은 자리 수끼리 빼 보자.

❶ 4 6 3 (5 10) − 1 4 6

❷ 4 3 9 − 3 8 0

❸ 2 9 0 − 1 5 7

❹ 4 8 4 − 4 7 7

❺ 5 0 7 − 3 7 7

❻ 9 4 3 − 2 9 1

❼ 8 4 7 − 3 2 8

❽ 6 1 8 − 5 5 2

❾ 5 9 3 − 2 4 5

❿ 9 3 2 − 4 8 0

⓫ 8 7 7 − 1 3 8

⓬ 5 1 8 − 4 3 4

⓭ 4 7 2 − 1 3 4

⓮ 8 0 5 − 7 6 1

⓯ 7 2 9 − 5 7 3

⑯ 372 - 237 (6 10 written above; 7 struck through)

⑰ 418 - 135

⑱ 621 - 604

⑲ 851 - 291

⑳ 823 - 182

㉑ 950 - 444

㉒ 762 - 459

㉓ 393 - 246

㉔ 931 - 924

㉕ 982 - 747

㉖ 747 - 474

㉗ 507 - 366

㉘ 570 - 345

㉙ 508 - 184

㉚ 632 - 514

㉛ 837 - 776

㉜ 737 - 446

㉝ 704 - 383

㉞ 441 - 325

공부 끝!

맞힌 개수 /34개

부모님 확인

오늘의 숫자 **88**에 색칠하세요.

Day 40

차가 가장 크게 되도록 수를 1개 골라 뺄셈을 해 보자.

❶ 943 - [729 / 829 / 929] = □

차가 가장 크려면 어떤 수를 골라야 할까? ○표 해 보자.

❷ 208 - [142 / 138 / 134] = □

❸ 593 - [285 / 258 / 528] = □

❹ 942 - [817 / 781 / 871] = □

❺ 480 - [276 / 285 / 267] = □

❻ 308 - [152 / 125 / 251] = □

❼ 609 - [473 / 490 / 462] = □

❽ 684 - [357 / 375 / 573] = □

차가 가장 작게 되도록 수를 1개 골라 뺄셈을 해 보자.

⑨ [606 / 610 / 616] - 453 = ☐

차가 가장 작으려면 어떤 수를 골라야 할까? ○표 해 보자.

⑩ [342 / 423 / 324] - 118 = ☐

⑪ [523 / 473 / 515] - 124 = ☐

⑫ [647 / 674 / 654] - 529 = ☐

⑬ [307 / 305 / 301] - 271 = ☐

⑭ [780 / 739 / 756] - 465 = ☐

⑮ [552 / 567 / 585] - 292 = ☐

공부 끝!

맞힌 개수 /15개

부모님 확인

오늘의 숫자 30에 색칠하세요.

연산 놀이터

나무 판에 적힌 글을 보고 다람쥐들의 이름과 도토리의 개수를 적어 보자.

부모님 확인

다솜이는 아람이보다 433개 더 적은 도토리를 갖고 있어.
도토리를 가장 적게 가지고 있는 다람쥐는 중간에 있어.
아람이는 824개의 도토리를 가지고 있어.
이마의 줄무늬는 다솜이보다 아람이가 더 많아.
랑랑이는 다솜이보다 262개 더 적은 도토리를 갖고 있어.

08

받아내림이 두 번 있는 (세 자리 수) - (세 자리 수)

이번에는 무엇을 배울까?

받아내림이 한 번 있는 (세 자리 수) - (세 자리 수)

받아내림이 두 번 있는 (세 자리 수) - (세 자리 수)

(몇십) × (한 자리 수)

이렇게 지도해요!

❶ 먼저 설명해 주세요.

각 자리를 줄로 나타내고 구슬로 값을 나타내었습니다. 윗자리의 구슬 하나가 아랫자리의 구슬 10개가 되는 그림을 아이와 함께 짚어 보면서 받아내림의 원리를 이해합니다.

❷ 수를 이해하며 계산해요.

설명과 이어지는 그림을 이용하여 Day41에서 재미있게 문제를 풉니다.

❸ 충분히 연습해요.

Day42~Day46의 문제 풀이를 통해 십진법에 따른 수를 이해하고, 받아내림이 있는 뺄셈을 충분히 익힙니다.

스스로 계획을 세워요!

	공부할 날짜	목표 시간	복습할 날짜
Day 41/46	월 / 일	분 / 10개	월 / 일
Day 42/46	월 / 일	분 / 25개	월 / 일
Day 43/46	월 / 일	분 / 18개	월 / 일
Day 44/46	월 / 일	분 / 34개	월 / 일
Day 45/46	월 / 일	분 / 34개	월 / 일
Day 46/46	월 / 일	분 / 10개	월 / 일

선생님의 칠판

어느 자리든 윗자리의 1은 아랫자리에서 10이야.

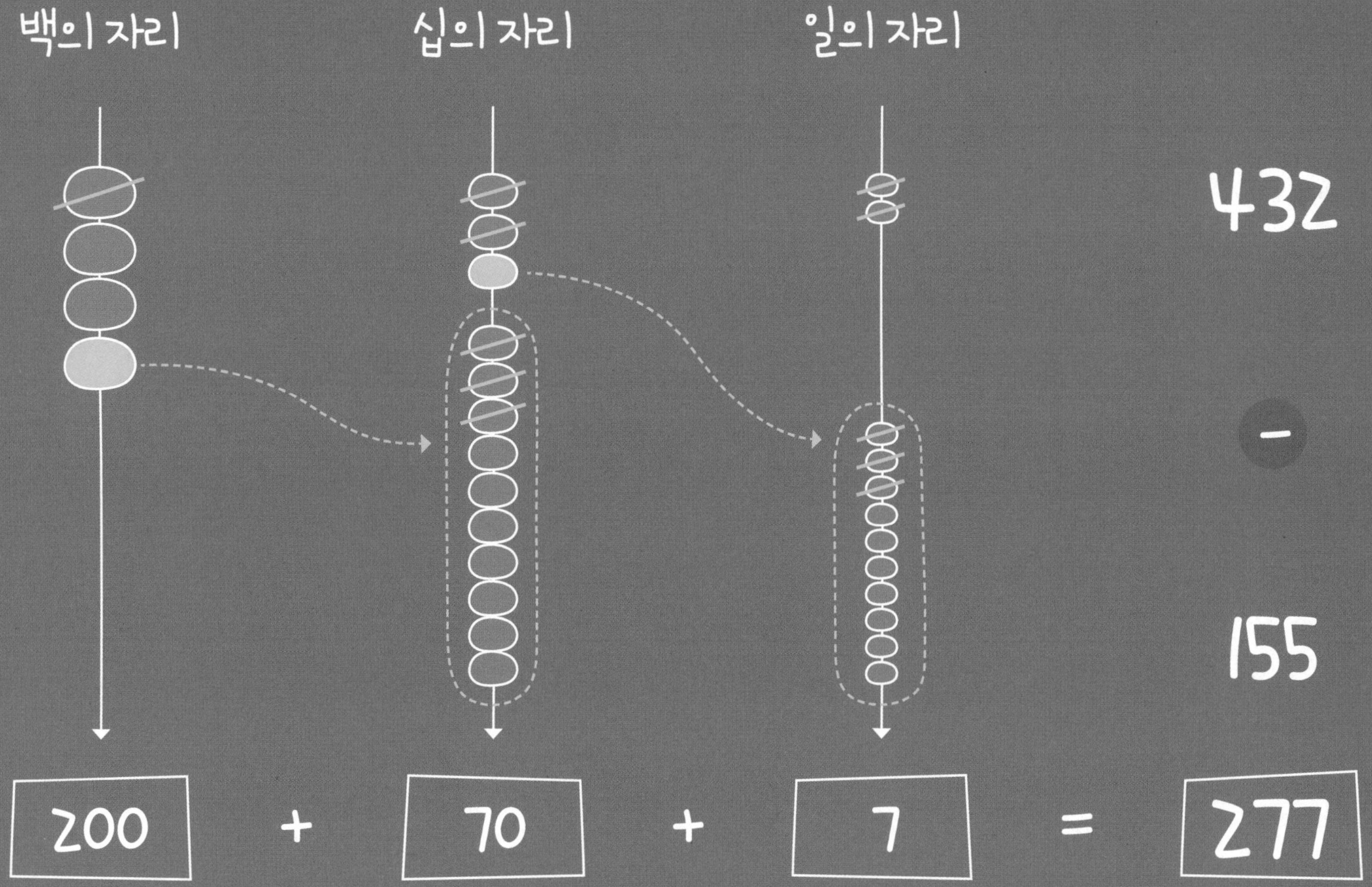

Day 41

윗자리 1개를 아랫자리 10개로 바꾸어 빼는 수만큼 지워 보자.

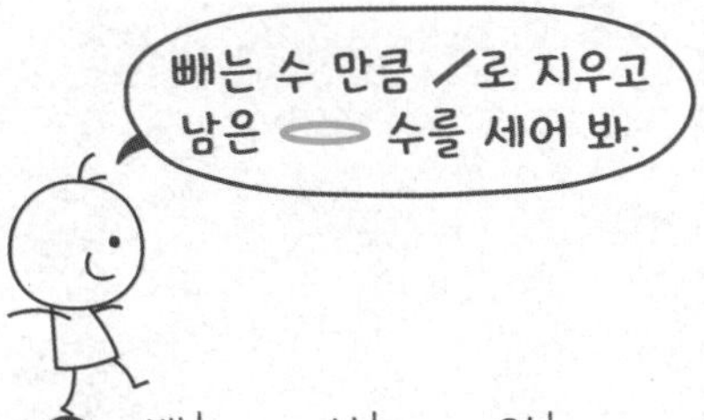

❶ 백 십 일

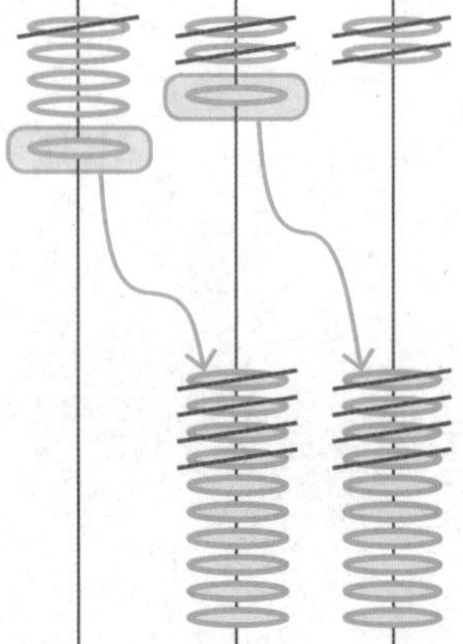

532 − 166

3 6 6 □

❷ 백 십 일

650 − 182

□ □ □ □

❸ 백 십 일

813 − 244

□ □ □ □

❹ 백 십 일

444 − 188

□ □ □ □

❺ 백 십 일

530 − 243

□ □ □ □

❻ 백 십 일

$933 - 399$

□ □ □ □

❼ 백 십 일

$321 - 159$

□ □ □ □

❽ 백 십 일

$625 - 538$

□ □ □ □

❾ 백 십 일

$267 - 198$

□ □ □ □

❿ 백 십 일

$715 - 417$

□ □ □ □

공부 끝!

맞힌 개수

/10개

부모님 확인

오늘의 숫자 90에 색칠하세요.

월 일 /9 분

Day 42

윗자리의 1을 아랫자리의 10으로!

아랫자리로 1을 내리니까 4-1=3

	3	10 6	10
	4̸	7̸	5
-	2	9	6
	1	7	9

받아내림한 수를 더해서 빼니까 10+6-9

❶

	5	11	10
	6̸	2̸	3
-	4	5	8

❷

	9	5	3
-	2	9	7

❸

	8	7	0
-	4	8	2

❹

	9	6	5
-	4	9	6

❺

	7	3	2
-	3	7	6

❻

	4	5	5
-	3	6	9

❼

	3	9	1
-	2	9	3

❽

	4	5	3
-	3	5	7

❾

	4	1	4
-	2	3	6

❿

	8	3	4
-	3	5	5

⓫

	4	3	5
-	3	7	8

⓬

	6	4	8
-	1	8	9

⓭

	5	5	7
-	4	8	8

받아내림할 자리의 수가 0이라면 그 윗자리에서 받아내림해야 해.

십의 자리에서 받아내림이 안 될 때는

	7	9 10	10
	~~8~~	~~0~~	3
-	6	4	5
	1	5	8

백의 자리에서 먼저 받아내림해.

⑭

	5	9	10
	~~6~~	~~0~~	6
-	2	1	9

⑮

	6	0	2
-	4	7	4

⑯

	2	0	7
-	1	4	9

⑰

	6	0	0
-	3	6	2

⑱

	5	0	5
-	2	1	7

⑲

	9	0	5
-	4	8	9

⑳

	8	0	6
-	5	6	9

㉑

	2	0	2
-	1	9	3

㉒

	3	0	4
-	1	5	6

㉓

	4	0	1
-	3	3	4

㉔

	7	0	5
-	4	1	6

㉕

	9	0	3
-	7	9	7

공부 끝!

맞힌 개수 /25개

부모님 확인

오늘의 숫자 **96**에 색칠하세요.

Day 43

받아내림이 있는 뺄셈은 세로셈으로 바꿔서 풀면 쉬워.

856 - 658

❶ 자리에 맞춰 세로셈으로 써.

	8	5	6
-	6	5	8
	1	9	8

(받아내림: 7, 10 / 4, 10)

❷ 받아내림해서 계산해.

❶ 524 - 147 =

	5	2	4
-	1	4	7

(받아내림: 4, 11, 10)

❷ 263 - 197 =

❸ 218 - 139 =

❹ 676 - 389 =

❺ 568 - 289 =

❻ 325 - 148 =

❼ 536 - 339 =

❽ 993 - 498 =

❾ 545 - 297 =

❿ 347 - 268 =

⓫ 807 - 749 =

⓬ 204 - 126 =

⓭ 603 - 475 =

⓮ 404 - 318 =

⓯ 700 - 327 =

⓰ 605 - 287 =

⓱ 303 - 165 =

⓲ 902 - 394 =

공부 끝!

맞힌 개수 /18개

부모님 확인

오늘의 숫자 **28**에 색칠하세요.

Day 44

어느 자리든 윗자리의 1은 아랫자리의 10이야!

월 일 분 /12

❶ (1 9 10) 2̸0̸3 − 164

❷ 563 − 394

❸ 302 − 214

❹ 601 − 223

❺ 460 − 373

❻ 445 − 259

❼ 907 − 638

❽ 350 − 281

❾ 508 − 399

❿ 800 − 651

⓫ 786 − 598

⓬ 342 − 178

⓭ 707 − 648

⓮ 684 − 397

⓯ 500 − 251

⑯ 3 9 10
406 - 259

⑰ 632 - 565

⑱ 402 - 144

⑲ 285 - 187

⑳ 346 - 179

㉑ 804 - 305

㉒ 735 - 458

㉓ 805 - 177

㉔ 706 - 439

㉕ 816 - 188

㉖ 503 - 136

㉗ 582 - 483

㉘ 365 - 178

㉙ 301 - 266

㉚ 628 - 359

㉛ 708 - 539

㉜ 253 - 157

㉝ 934 - 439

㉞ 906 - 357

공부 끝!

맞힌 개수

/34개

부모님 확인

오늘의 숫자 97에 색칠하세요.

월 일 분 /12

Day 45

같은 자리 수끼리 뺄 수 없을 때는 윗자리에서 받아내림하기!

❶
$$\begin{array}{r} \overset{7}{\cancel{8}}\,\overset{14}{\cancel{5}}\,\overset{10}{2} \\ -\ 2\,6\,6 \\ \hline \end{array}$$

❷
$$\begin{array}{r} 5\,2\,3 \\ -\ 1\,4\,8 \\ \hline \end{array}$$

❸
$$\begin{array}{r} 7\,0\,8 \\ -\ 2\,8\,9 \\ \hline \end{array}$$

❹
$$\begin{array}{r} 3\,7\,4 \\ -\ 1\,9\,9 \\ \hline \end{array}$$

❺
$$\begin{array}{r} 8\,0\,3 \\ -\ 7\,1\,7 \\ \hline \end{array}$$

❻
$$\begin{array}{r} 9\,0\,4 \\ -\ 5\,0\,8 \\ \hline \end{array}$$

❼
$$\begin{array}{r} 2\,4\,2 \\ -\ 1\,9\,8 \\ \hline \end{array}$$

❽
$$\begin{array}{r} 6\,2\,1 \\ -\ 2\,5\,4 \\ \hline \end{array}$$

❾
$$\begin{array}{r} 9\,0\,0 \\ -\ 6\,2\,5 \\ \hline \end{array}$$

❿
$$\begin{array}{r} 2\,9\,5 \\ -\ 1\,9\,7 \\ \hline \end{array}$$

⓫
$$\begin{array}{r} 6\,0\,7 \\ -\ 5\,3\,8 \\ \hline \end{array}$$

⓬
$$\begin{array}{r} 5\,0\,1 \\ -\ 2\,6\,2 \\ \hline \end{array}$$

⓭
$$\begin{array}{r} 2\,0\,6 \\ -\ 1\,3\,7 \\ \hline \end{array}$$

⓮
$$\begin{array}{r} 5\,2\,5 \\ -\ 4\,2\,7 \\ \hline \end{array}$$

⓯
$$\begin{array}{r} 4\,2\,1 \\ -\ 3\,8\,4 \\ \hline \end{array}$$

⑯ 2 13 10
341 - 145

⑰ 902 - 873

⑱ 452 - 264

⑲ 604 - 155

⑳ 400 - 367

㉑ 851 - 373

㉒ 306 - 288

㉓ 427 - 148

㉔ 305 - 128

㉕ 724 - 459

㉖ 546 - 378

㉗ 802 - 226

㉘ 368 - 199

㉙ 701 - 193

㉚ 504 - 479

㉛ 960 - 472

㉜ 685 - 387

㉝ 702 - 555

㉞ 300 - 234

공부 끝!

맞힌 개수

/34개

부모님 확인

오늘의 숫자 **56**에 색칠하세요.

월 일 /6 분

Day 46

받아내림을 생각하며 같은 자리 수끼리 빼 보자.

앞에서부터 차례대로 두 수씩 계산해.

❶ 601 ⊖ 128 → ☐ ⊖ 278 → ☐

❷ 904 ⊖ 316 → ☐ ⊖ 189 → ☐

❸ 802 ⊖ 276 → ☐ ⊖ 448 → ☐

❹ 913 ⊖ 635 → ☐ ⊖ 189 → ☐

❺ 624 ⊖ 157 → ☐ ⊖ 268 → ☐

❻ 400 $-$ 199 → ☐ $-$ 194 → ☐

❼ 923 $-$ 457 → ☐ $-$ 187 → ☐

❽ 952 $-$ 357 → ☐ $-$ 496 → ☐

❾ 711 $-$ 276 → ☐ $-$ 358 → ☐

❿ 902 $-$ 594 → ☐ $-$ 299 → ☐

공부 끝!

맞힌 개수 /10개

부모님 확인

오늘의 숫자 **38**에 색칠하세요.

연산 놀이터

부모님 확인

다리에 적힌 식의 답은 다리가 버틸 수 있는 무게를 의미해.
곰이 안전하게 다리를 건너려면 어떤 다리를 건너야 할까?

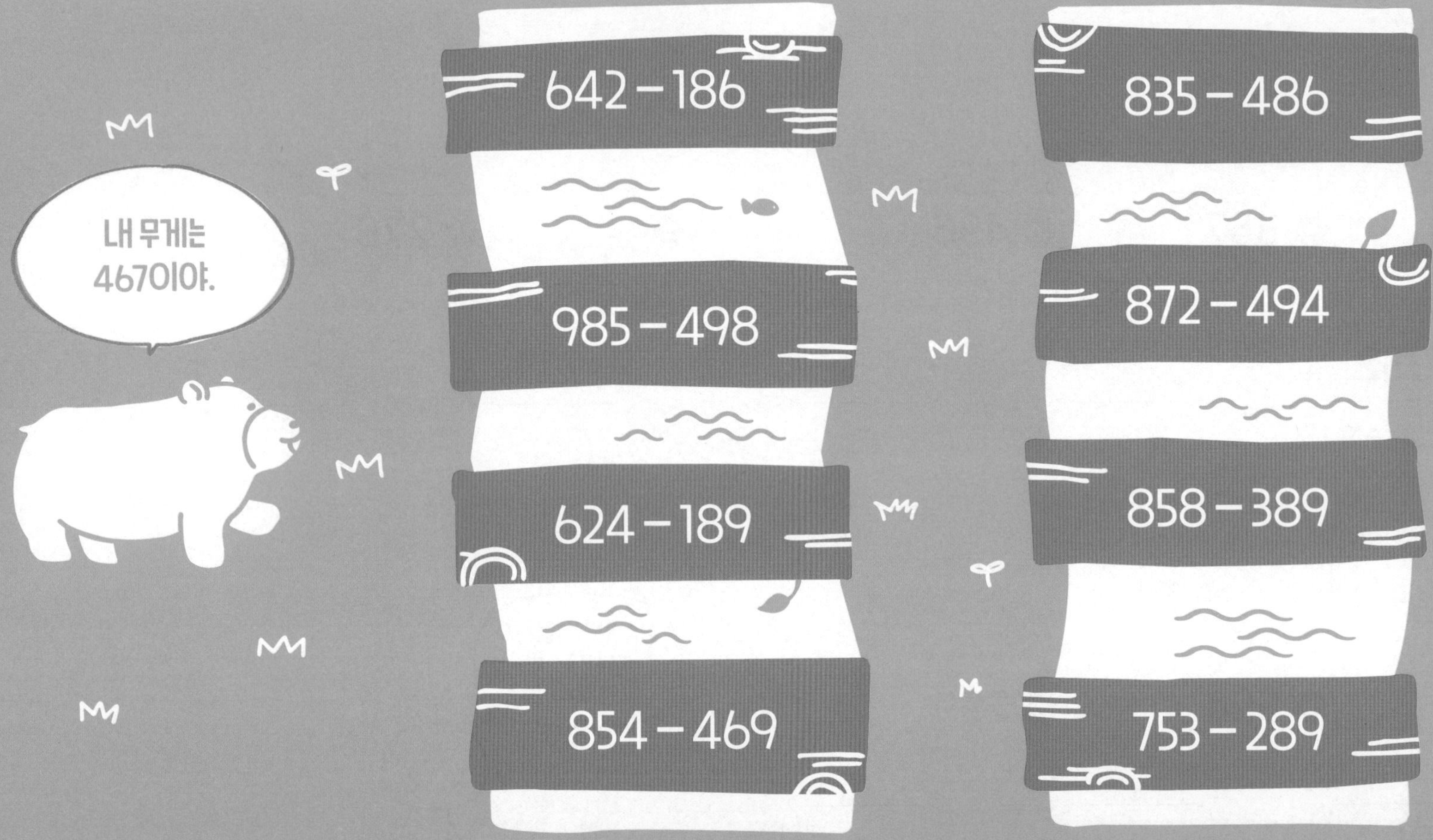

연산 7 실력 점검하기

범위 1단계 ~ 5단계

맞힌 개수: /50 걸린 시간: /분

01 0×4

02 4×8

03 2×7

04 7×1

05 3×5

06 6×9

07 8×4

08 5×5

09 9×7

10 0×9

11 1×6

12 3×8

13 $\begin{array}{r} 153 \\ +\ 435 \\ \hline \end{array}$

14 $\begin{array}{r} 359 \\ +\ 120 \\ \hline \end{array}$

15 $361 + 427$

16 $111 + 657$

17 $534 + 321$

18 $\begin{array}{r} 511 \\ +\ 369 \\ \hline \end{array}$

19 $\begin{array}{r} 692 \\ +\ 244 \\ \hline \end{array}$

20 $\begin{array}{r} 546 \\ +\ 522 \\ \hline \end{array}$

21 $\begin{array}{r} 384 \\ +\ 371 \\ \hline \end{array}$

22 $\begin{array}{r} 481 \\ +\ 409 \\ \hline \end{array}$

23 $\begin{array}{r} 315 \\ +\ 771 \\ \hline \end{array}$

24 $451 + 257$

25 $327 + 553$

26 $286 + 453$

27 $137 + 482$

28 $842 + 245$

29 $\begin{array}{r} 842 \\ +\ 249 \\ \hline \end{array}$

30 $\begin{array}{r} 468 \\ +\ 468 \\ \hline \end{array}$

31 $\begin{array}{r} 184 \\ +\ 616 \\ \hline \end{array}$

32 $\begin{array}{r} 571 \\ +\ 369 \\ \hline \end{array}$

33 $\begin{array}{r} 453 \\ +\ 198 \\ \hline \end{array}$

34 $\begin{array}{r} 647 \\ +\ 525 \\ \hline \end{array}$

35 485 + 365

36 168 + 248

37 721 + 895

38 628 + 462

39 188 + 299

40 $\begin{array}{r} 227 \\ +\ 773 \\ \hline \end{array}$

41 $\begin{array}{r} 846 \\ +\ 358 \\ \hline \end{array}$

42 $\begin{array}{r} 186 \\ +\ 864 \\ \hline \end{array}$

43 $\begin{array}{r} 849 \\ +\ 987 \\ \hline \end{array}$

44 $\begin{array}{r} 898 \\ +\ 556 \\ \hline \end{array}$

45 $\begin{array}{r} 777 \\ +\ 888 \\ \hline \end{array}$

46 296 + 718

47 877 + 684

48 555 + 555

49 876 + 224

50 735 + 268

연산 실력 점검하기

범위 6단계 ~ 8단계

맞힌 개수: /45　　걸린 시간: /분

01
$$\begin{array}{r} 866 \\ -\ 435 \\ \hline \end{array}$$

02
$$\begin{array}{r} 357 \\ -\ 135 \\ \hline \end{array}$$

03
$$\begin{array}{r} 784 \\ -\ 450 \\ \hline \end{array}$$

04
$$\begin{array}{r} 284 \\ -\ 184 \\ \hline \end{array}$$

05
$$\begin{array}{r} 875 \\ -\ 472 \\ \hline \end{array}$$

06
$$\begin{array}{r} 555 \\ -\ 143 \\ \hline \end{array}$$

07
$$\begin{array}{r} 489 \\ -\ 243 \\ \hline \end{array}$$

08
$$\begin{array}{r} 668 \\ -\ 248 \\ \hline \end{array}$$

09 768 - 354

10 815 - 815

11 488 - 246

12 687 - 480

13 988 - 454

14 783 - 483

15 487 - 222

16
$$\begin{array}{r} 515 \\ -\ 335 \\ \hline \end{array}$$

17
$$\begin{array}{r} 786 \\ -\ 519 \\ \hline \end{array}$$

18
$$\begin{array}{r} 787 \\ -\ 369 \\ \hline \end{array}$$

19
$$\begin{array}{r} 811 \\ -\ 620 \\ \hline \end{array}$$

20
$$\begin{array}{r} 486 \\ -\ 477 \\ \hline \end{array}$$

21
$$\begin{array}{r} 668 \\ -\ 582 \\ \hline \end{array}$$

22
$$\begin{array}{r} 273 \\ -\ 168 \\ \hline \end{array}$$

23
$$\begin{array}{r} 821 \\ -\ 560 \\ \hline \end{array}$$

24 218 - 109

25 667 - 282

26 888 - 494

27 620 - 114

28 384 - 290

29 997 - 789

30 368 - 219

31
$$\begin{array}{r} 484 \\ -\ 296 \\ \hline \end{array}$$

32
$$\begin{array}{r} 284 \\ -\ 199 \\ \hline \end{array}$$

33
$$\begin{array}{r} 831 \\ -\ 294 \\ \hline \end{array}$$

34
$$\begin{array}{r} 511 \\ -\ 222 \\ \hline \end{array}$$

35
$$\begin{array}{r} 765 \\ -\ 396 \\ \hline \end{array}$$

36
$$\begin{array}{r} 832 \\ -\ 285 \\ \hline \end{array}$$

37
$$\begin{array}{r} 976 \\ -\ 887 \\ \hline \end{array}$$

38
$$\begin{array}{r} 604 \\ -\ 286 \\ \hline \end{array}$$

39 980 - 194

40 738 - 299

41 604 - 296

42 531 - 147

43 802 - 288

44 538 - 389

45 753 - 584

범위 1단계 ~ 8단계

연산 7 실력 점검하기

맞힌 개수: /42 걸린 시간: /분

01

×	1	3	5	7
0	0		0	
3	3	9		
7		21		49
9		27	45	

02

×	2	4	6	8
2	4	8		
5	10		30	
6		24		48
8	16			64

03 $246 + 113$

04 $621 + 378$

05 $156 + 912$

06 $485 + 333$

07 $195 + 655$

08 $284 + 806$

09 $489 + 984$

10 $557 + 798$

11 $987 - 352$

12 $784 - 241$

13 $566 - 558$

14 $498 - 129$

15 $825 - 658$

16 $401 - 252$

17 435 + 521

18 851 + 123

19 163 + 222

20 486 + 505

21 335 + 529

22 295 + 804

23 222 + 595

24 654 + 654

25 289 + 523

26 348 + 362

27 985 + 152

28 658 + 848

29 857 + 584

30 777 + 438

31 384 + 616

32 799 - 798

33 888 - 165

34 438 - 335

35 865 - 772

36 736 - 382

37 821 - 480

38 238 - 109

39 281 - 199

40 864 - 297

41 805 - 208

42 453 - 288